YOU YI ZHONG JING JIE JIAO SHE DE

有一种境界叫

舍得

舍得是选择，舍得是承诺，
舍得是智慧，舍得是喜悦。

张新国◎主编

线装書局

图书在版编目（CIP）数据

有一种境界叫舍得 / 张新国主编 . — 北京：
线装书局，2014.11

ISBN 978-7-5120-1633-0

Ⅰ . ①有… Ⅱ . ①张… Ⅲ . ①人生哲学 – 通俗读物
Ⅳ . ① B821-49

中国版本图书馆 CIP 数据核字（2014）第 272597 号

有一种境界叫舍得

主　　编：张新国
责任编辑：曹胜利
出版发行：线装书局
　　　　　地　址：北京市西城区鼓楼西大街41号（100009）
　　　　　电　话：010-64045283　64041012
　　　　　网　址：www.xzhbc.com
经　　销：新华书店
印　　制：三河市华业印务有限公司
开　　本：700mm × 940mm　1/16
印　　张：14
字　　数：120千字
版　　次：2015年1月第1版第1次印刷
印　　数：0001-7000

定　　价：25.80元

前言

舍得既是一种处世的哲学，也是一种做人做事的艺术。舍与得就如水与火、天与地、阴与阳一样，是既对立又统一的矛盾概念，相生相克，相辅相成，存于天地，存于人世，存于心间，存于微妙的细节，囊括了万物运行的所有机理。万事万物均在舍得之中，才能达到和谐，达到统一。你若真正把握了舍与得的机理和尺度，便等于把握了人生的钥匙和成功的奥秘。要知道，百年的人生，也不过就是一舍一得的重复。

人生就如一道舍得题。我们唯有舍得旧我心、执着心、自私心、懒惰心、自卑心、虚荣心、贪婪心、仇恨心、抱怨心、名利心、计较心、不悦心，才能拥有一个越来越完美的自己，一份越来越称心的工作，一种越来越惬意的生活，一个越来越满意的人生。

懂得生活的人，或者说那些有所成就的人，他们都是因为懂得了两个字：舍得。不舍不得，小舍小得，大舍大得。

舍得是一种大智慧。它既包含了朴素的辩证思维，渗入到日常生活的方方面面，同时又蕴含着为人处世的精妙智慧。“上善若水”、“水善利万物而不争”、“唯其不争，故天下莫能与之争”……《道德经》中这些广为推崇的处世原则，正是舍得智慧的精髓所在。水润万物，是慷慨赠予的舍得之道；不争而胜，是超脱于功名富贵，内心却收获成就与满足。

目录 CONTENTS

YU SHE DE ZHONG JIAN ZHI HUI

于舍得中见智慧

PART 01 第一章

坦然面对得与失

TAN RAN MIAN DUI DE YU SHI

孟子曰：“鱼，我所欲也，熊掌亦我所欲也；二者不可得兼，舍鱼而取熊掌者也。”可见得与失是一对矛盾的存在。但是，经过生活的历练，我们知道，得，未必就幸福开心；而失，也未必就痛苦不堪。得失只是一念之间的事。对此我们要坦然面对。

看淡人生得与失

何谓得？得就是拥有。何谓失？失就是失去。拥有时，并不代表如意；失去后，也并不表示结束。有得必有失，有失必有得，人生就是这样一个得与失的过程。

每个人都要经历这样的一个过程，得到与失去、成功与失败总是交错地出现在我们人生的每一个阶段。得到的时候，不矫饰；失去的时候，不言败。不仅要经得起成功的洗礼，更要经得住失败的考验。在得失成败之间，要有拿得起、放得下的气魄。

在人生的道路上，很多时候得亦是失，失亦是得，得中有失，失中有得。在得与失之间，我们无需不停地徘徊，更不必苦苦地挣扎，而应该用一颗平常心来看待生活中的得与失。我们要清楚，对自己来说什么才是最重要的，然后主动放弃那些可有可无、不触及生命意义的东西，求得生命中最有价值、最纯粹的东西。

从某种意义上说，得与失是同一事物的两个方面。你得到了太阳，就失去了月亮；得到了白天，就失去了黑夜；得到了春天，就失去了冬天；得到了成熟，就失去了天真；得到了繁华，就失去了宁静。所以“上帝”是公平的，他赐予你一样东西，肯定会从你身边拿走另外一样东西，我们只有真正领会到了得与失的真谛，才可以生活得更加快乐、更加幸福。

那么，究竟得与失的标准又是什么呢？其实，没有绝对的标准，可谓仁者见仁，智者见智。但是有一句谚语说得好："别捡了芝麻，丢了西瓜。"这个得与失的标准非常直观，一个西瓜的价值远远大于一粒芝麻的价值。

得与失的标准有时候是不能量化的，比如说，你捡了一粒芝麻的快感大于捡到一个西瓜，那么孰得孰失，就该另当别论了。得与失不是简单的加减乘除，而是有主观的标准，所谓"得失寸心知"，大概就是这个意思。

人在得到的时候，总会觉得得之甚少，有人买彩票得了二等奖，却还叹息："怎么就不得个一等奖呢？"有人立了三等功，却满脸不高兴，"本来我应该立二等功的。"人往往在失去的时候，总是埋怨失去得太不应该，哪怕是失中有得的事，也不会有感觉上的平衡，就像是丢了一只鸡而捡回一只鸭的人，只抱怨丢了鸡而不庆幸捡了鸭一样。于是，我们听到这个世界上最多的怨声载道，就是埋怨失去的太多，得到的太少。但是，"得"绝不会因为你的喜爱而频频光顾，"失"也不会因你的厌恶而退避三舍。

得失是一对亦此亦彼的矛盾。它们相互依存，互为条件，有得就有失。我们得到了某种工作，就意味着失去从事其他工作的机会；我们得到了张三的爱情，就意味着李四将消失于自己的情感世界中；我们得到了子女，就意味着少了一份轻松……这和取舍的遗憾是一样的，而取舍的遗憾归根结底是得失的遗憾，没有利益成分的取舍，又怎么会遗憾与困惑呢？得失不同于取舍的是：取舍是一对此消彼长的矛盾，得失则是此长彼也长的矛盾。得到的越多，失去的也越多。以当选总统为例，当上了总统便得到了至高无上的权力，但几乎失去了整个自我，不能随心所欲地说话，不能像老百姓那样猜拳喝酒，高兴了便哈哈大笑、痛苦的时候可以号啕大哭，甚至想吃点什么、到哪儿走走都由不得你。

同时，我们在失去的时候，也会相应地得到一些什么。失去了权力，会多一分轻松；拥有一次失败，会得到教训；丢掉了一次冠军，就卸下了一个包袱。这就是所谓的“失之东隅，收之桑榆。”一般说来，付出越多，收获就越多；但失去的越多，并不见的就得到的越多。假如犯罪了，判了十年或二十年的刑期，得到教训的代价不是太惨重了吗？假如连生命都失去了，还能得到什么呢？

得失在一定条件下可以相互转化。好事能变成坏事，坏事也能变成好事。古人云：“福兮祸之所伏，祸兮福之所倚。”今天的“得”很可能预示着未来的“失”，而今天的“失”也很可能就是未来所“得”的开始。

有个“塞翁失马”的寓言，讲的是边塞上一位老人丢了一匹马，别人来安慰他，他却说：“你怎么知道它不会成为福呢？”后来，出走的马失而复得，而且还带回来一匹好马，别人又来道贺，他却说：“你怎么知道它不会成为祸呢？”再后来，他儿子骑马摔断了腿，最后，因儿子瘸腿没去打仗，父子俩皆保全了性命。

人类社会的许多困惑就是因得失的不断转换，而变得好坏难分。我们大量开采自然资源，丰富了社会财富，却又破坏了生态平衡；农业生产中，不使用农药、化肥很难高产，而农药化肥中出现的高产粮食和蔬菜，却又给身体带来极大的危害；生活条件太差，人会营养不良；生活条件太好了，又出现肥胖症……由此可见，得与失的关系，简直就是个物质不灭定律和能量守恒定律。

现实生活中，我们很难同时去注意两个方向，在得到的时候往往忽视了“失”，在失去的时候又看不到潜在的“得”。于是，就有了得到时的乐极生悲、失去时的一蹶不振。现实中“失马”的事例数不胜数，可惜绝大多数“失马”的人都比不上边塞上的老头。一个打工仔买“六合彩”中了100万元大奖，他开始担心别人抢劫。最终，别人没有抢劫他，倒是自己好景不长，吸毒、嫖娼、赌博，认为一辈子也花不完的钱，三年不到花了个精光。在他奄奄一息的时候，他说他最怨恨终身的一件事就是中了“六合彩”。

面对得与失，最理智的行为便是：在得到的时候，我们必须认真地看一看“得”的背后会失去什么，能不能避免那些失去？假如因小小的“得”，而演变成巨大的“失”，我们又何必去得它？而在失去的时候，我们需要看到潜在的“得”。在困难的时候，要看到光明，要提高我们的勇气。

越是贪图多得，必是得之甚少。这似乎也是一条人生法则。

一位勤劳的农民，从自己的菜园中收获了一个大得不得了的南瓜，他又惊又喜，把这个南瓜献给了国王。国王很高兴，赐给农民一匹骏马。这件事很快家喻户晓。一个财主开动了脑筋：献个大南瓜，就能得到一匹骏马，如果献一匹骏马，国王会赐给我多少金银珠宝或美女呢？于是财主向国王进献了一匹价值连城的骏马。国王同样很高兴，吩咐侍者：“把那位农民献的那个珍贵的大南瓜，赐予这个献骏马的人吧。”

为什么想多得的人往往少得呢？道理很简单：人可得的东西很多，而要得到这些东西的人也很多，好比一大堆人围抢一大堆东西，你什么都想抢就会犹豫，等人家把东西抢光了，你还没缓过神来。假如你只死盯其一，也许会抢到它。其实，人的“胃口”并不大，只不过是心高而已。一旦把世界上所有的都给了你，你难道不感觉那些东西都成了负担吗？

有一位军人，年年都要争功争奖。后来，大家干脆年年评他，于是，他突然觉得人们的眼神充满着芒刺，领奖时的掌声也充满着芒刺，以致拿着奖品的手都在颤抖。

其实，人们的眼神也好、掌声也好，都与从前的没有两样，只是他的心态发生了变化。

还有一位私营公司的职员，因为跟老板沾亲带故，尽管老板给了他很高的薪水，但是他还是埋怨老板没有提拔他。后来，老板给了他一个部门经理当，他不仅没有把这个部门管理好，也把自己弄得神魂颠倒，最终只好自动退位。

所以，人生在世，重要的不是得与失，而是曾经为得到而努力奋斗的过程中的充实和快乐。无论是得到还是失去，只要让自己更快乐，让自己的人生更富有意义，那就是最宝贵的得。要知道，人得到的能力与享受所得的能力是同样有限的。人只生有两只手，最多只能同时抓住两件东西，再多抓一件，都会力不从心。那又何苦呢？适可而止吧！

看淡名利，生活更美好

人皆有名利之心，对于“名利”本身而言，并无所谓好坏。喜欢好名声，鄙视坏名声；喜欢获得，厌恶失去，这些都是人之常情。但绝不能为名利所困惑，也绝不能为名利所驱使，更不能见利忘义。人应当时时注意，用高尚的品德稳稳地驾驭自己的名利之心。在名利面前，正确的态度是看淡名利得失，轻松地生活和工作，这样或许会获得你意想不到的效果。

居里夫人是人类历史上最伟大的科学家之一，这不仅是因为她一手创造并发展了放射科学，直至把生命贡献给科学，还在于她拥有至高无上的人格。她一生中一共获得过包括诺贝尔奖等在内的10项著名奖金，得到国际著名学术机构颁发的奖章16枚，世界各国政府和科研机构授予的各种头衔多达107个。但是，终其一生，她一如既往地保持着谦虚平淡。爱因斯坦曾经赞誉她说：“在所有的著名人物里面，玛丽·居里是唯一没有被盛名宠坏的人！”

有一次，一个多年未见的女友到居里夫人家中做客，忽然，她看到居里夫人的小女儿正在玩一枚金质奖章，那可是英国皇家学会奖给她的。女友大吃一惊，忙问：“玛丽亚，能够得到英国皇家学会的奖章，是多么高的荣誉啊！你怎么可以让孩子随便玩耍呢？”居里夫人笑笑说：“没什么，我只是想让孩子知道，荣誉就像玩具，只能玩玩而已，绝不能看得太重，否则，我们将一事无成。”

居里夫人的生活更是简朴得令人吃惊。据说，1895 年，居里夫人和皮埃尔·居里结婚时，新房中只有两把椅子，正好每人一把。丈夫觉得椅子太少，担心客人来了没地方坐，于是建议多添几把。居里夫人却说："有椅子当然好啦。可是客人坐下来就不走啦。为了搞研究，还是算了吧！"而且，即使是年薪已经增加到 4 万法郎后，居里夫人依然如此。每次出席宴会，她都会收集一些废弃的菜单，她说："这些菜单都是很厚、很好的纸片，在背面写字很方便。"

另一方面，居里夫人却又大方的惊人。1911 年，居里夫人因为成功分离了镭元素获得了诺贝尔化学奖。当时，很多人都劝她申请专利，一旦申请，她很快就会成为富翁。但居里夫人毫不动心，她说："我发现了镭，但不是创造了它，它不属于我个人，它是全人类的财产。"不久，她向全世界公布了镭的提取分离技术，这一做法有效地推动了放射化学的迅速发展。

对于自己得到的各种各样的奖金，居里夫人几乎把它们全部用在了资助穷人和帮助其他科学家方面，特别是帮助青年科学家改善科研条件。有几次，她甚至"拒绝"领奖，她说："我把你们的奖金当做荣誉的借款，它帮助我获得了初步的荣誉。借款理应归还，请把它再发给另外一些贫寒而又立志争取更大荣誉的青年吧。"

由于居里夫人几十年如一日地长期从事放射性物质研究，使得她的健康日益受损，但是直到生命的最后一刻，她躺在病床上，还要求她的女儿向她报告实验室里的工作情况。1934 年 7 月 4 日，居里夫人病情恶化，走完了她伟大的一生。

居里夫人放下名利，取得了事业和人格的双丰收。这个故事提醒我们，在"名利"面前该冷静下来审视一下自己——名利对我们而言是玩具，还是我们被名利玩弄于股掌之间？很显然，大部分人是在刻意地追求名利，甚至为了名利不择手段，最终丧失了理智，在邪恶中迷失。最终走上歧途，不仅没有获得梦想中的名利，反而被名利反咬一口，在追逐中失去了自我。

主人赏赐给波斯猫一盘奶油，波斯猫大吃一顿后，脸也顾不上洗，便趴在盘子上呼呼睡着了，鼻子上还沾着奶油。

这时一只老鼠饥肠辘辘，它壮着胆子来到波斯猫面前，对着奶油张口就咬。只听“哎哟！”一声惨叫，被疼痛惊醒的波斯猫还没弄清楚怎么回事，撒腿就跑。

消息很快传遍了整个鼠国，这只老鼠被同伴们视为无畏的勇士、鼠类的骄傲。鼠王亲自接见了它，说：“你为我们全体国民出了一口恶气，以前只有我们见猫就逃的事，今天你竟然让猫逃走了。这在鼠类历史上还是第一次，你将永载史册。”从此，这只老鼠走到哪里，都被鲜花和掌声所围绕。时间一长，连它自己也认为，自己真的是一位史无前例的大英雄。

不久后，这只老鼠勇士又碰上了倒霉的波斯猫，它很高兴，心想这次又能大显身手了，再给猫一个重创，那样就会赢得更高的荣誉，说不定鼠王还会把公主嫁给它。于是，它向波斯猫发起了挑战。但它哪里是波斯猫的对手？幸亏它逃得快些，否则性命不保。

消息又轰动了整个鼠国。所有的老鼠都对它大骂特骂：“懦夫！胆小鬼！给鼠类丢脸！”鼠勇士受了刺激，再次找到波斯猫，试图挽回自己的名誉。不过这一次，它可没有上次那么幸运——波斯猫上去就咬住了它的喉咙，它“光荣”地牺牲了。

这只老鼠就像我们生活当中的有些人，放不下名利，在名利面前失去理智，最终以“光荣牺牲”作为代价。试想，如果它知道适时地放下，结果会怎样呢？

因此，面对胜利时，要谦虚谨慎；面对失败时，更要冷静克制。名利是一场打不完的战役，如果不能完全放下，至少应该保持理智，千万不要被一时的胜利冲昏了头脑。

由此可见，事业重如山，名利淡如水。只有放下名利，坦然面对，我们才能够获得心灵的纯净和自由，从而将自己的全部身心投入到工作和生活当中，取得事业与人格的双丰收。

用理智克制自己贪婪的冲动

每个人都有自己的理想，都有自己的抱负，谁都不想默默无闻地活一辈子，每个人都想成就事业，青史留名。但是，这并不意味着这些理想、这些抱负就是你生活的全部，除去这些，你的生命中还有更重要的东西。在求取功名利禄的过程中，还是要少一点欲念、多一点洒脱才行。

求名要付出一定的代价。客观地说，求名并非坏事。一个人有名誉感就有了进取的动力；有名誉感的人同时也有羞耻感，不会玷污自己的名声。但是，什么事都不能过分追求，如果过分追求，又不能一时获取，有时就容易误入歧途。结果名誉追求不来，只是白白浪费时间、浪费生命。

山脚下住着一户人家，一个寡妇带着两个年幼的儿子艰苦度日。

兄弟俩成年后，寡妇便把他们叫到跟前，说："你们的父亲是有名的玉匠。他临死时告诉我，大山的深处有一块绝世美玉。你们应该去寻求绝世美玉。如果找不到，就不要回来。"

第二天，兄弟俩收拾行囊，离开了母亲。但是山那么大，到哪儿寻找绝世美玉呢？二人商量一番，决定分头寻找，并且约定，两年以后无论找到与否，都要在分手的地方会合。

几个月过去了，兄弟俩都没找到绝世美玉。不过他们发现，山里倒是有一些成色一般的玉石，还有很多奇形怪状的石头。

哥哥是一个注重实际的人，他想，既然找不到绝世美玉，何不退而求其次呢？于是他改变了策略，只要见到成色一般的玉石和奇石，便统统装进行囊。到了约定的时间，他的行囊已经装得满满当当了。他想尽管没有母亲所说的绝世美玉，但是有这么多玉石，母亲想来也会满意了。

在当初约定的地点，他等来了两手空空的弟弟。弟弟说："你这些东西都不是绝世美玉，找得再多，母亲也不会满意。"

哥哥劝弟弟回家，但弟弟执意不肯。他说："母亲说了，找不到绝世美玉不许回家，要走你自己走吧。我要继续去更远更险的山中探寻，我一定要找到绝世美玉。"

哥哥只好自己回家。看到那么多的玉石和奇石，母亲非常高兴。她说："这些足够你开一家玉器馆了，这些玉石虽然一般，但是稍经打磨，便是稀世珍宝。那些奇形怪状的石头，也能卖一笔好价钱。"

哥哥按照母亲的话去做，很快便富甲一方。后来，他找的一块璞玉还被国王的玉匠看中，从而得了一笔倾城的财富。

然而他的弟弟却始终没有回来。哥哥想派人去找弟弟，但母亲说："你弟弟是不会回来了。他是一个不合格的探险家，就像你们的父亲，当年就是因为一心寻找绝世美玉而掉下了山崖。如果他幸运，能中途醒悟，明白至美是不存在的道理，是他的福气。如果他执迷不悟，就会付出一生的代价了。这样的人，即使找回来又能做什么呢？"

追求是人类的天性。我们赞美追求者，是因为他们的努力，使我们领略到收获的欣喜。但是人生在世，更多地，也是最重要的，其实还是那些成色一般的玉石和奇石，比如生命，比如亲情。而绝世美玉，我们只能不断接近，但永远可望而不可即，比如金钱，比如权力。为追求名利而浪费生命的人，何其愚蠢啊！

人生在世，不要被名利所累，不要把你的生命浪费在积累那些终究要化为灰烬的东西上面。不能像追求思想那样追求物质，因为只有思想才能赋予生活以意义，并具有永恒的价值。

放弃那些不适合自己去充当的社会角色，放弃束缚你的世故人情，放弃伪装你的功名利禄，放弃徒有虚荣的奉承夸奖，放弃各种蒙住你眼睛的遮羞布。只有这样，你才能够腾出手来，用足够的精力和智慧来赢取你真正应该拥有的东西。

因此，在求取功名利禄的过程中要少一点欲念，多一点洒脱。只有这样，我们才能实现自己的目标，才能实现自己的人生价值。

有时放弃也是一种收获

每一个生活在当今社会中的人，在人生的追求中，对荣誉和权力的追求都应该有所节制，不然，把荣誉和权力看得过重，不惜一切代价地想把它们追求到手，那就无异于害人害己了。

在现实生活中，名誉和地位常常被看做衡量一个人成功与否的标准，所以追求一定的名声、地位和荣誉，已成为人们一种极为普遍的心态。在很多人的心目中，认为只有有了名誉和权力才可以算是实现了自身的价值。其实，人生的目的，不在于成名、成家，而在于面对现实，去努力为之，去尽情享受生命，去细心体验生活的美好。

争名夺利不但不会使你流芳千古，甚至会让你身败名裂。

焦耳，这个名字在我们中学学物理时就已经很熟悉了，人们为了纪念他所做出的贡献，将物理学中功的单位命名为“焦耳”。焦耳提出“机械能和热能相互转换，热只是一种形式”的新观点，打破了沿袭多年的热质说，促进了科学的进步。从1843年起，他前后用了近40年的时间来测定热功当量，最后得到了热功当量值。

然而事实上，与焦耳同时代的迈尔才是第一个发表能量转化和守恒定律的科学家。1848年，当迈尔等人不断地证明能量转化和守恒定律的正确性，并最终使得这一定律被人们承认的时候，名利欲望的膨胀驱使焦耳向迈尔发起了攻击。焦耳发表文章批评说，迈尔对于热功当量的计算是没有完成的，迈尔只是预见到在热和功之间存在着一定的数值比例关系，但没有证明这一关系，首先证明这一关系的应该是他焦耳。随着焦耳发起的这场争论的扩大化，一些不明真相的人也一哄而上，纷纷对迈尔进行了不负责任的错误指责。迈尔终于承受不住这一争论和批评带来的压力，特别是焦耳以自己测定热功当量的精确性来否定迈尔的科学发现权，使得迈尔陷入了有口难辩的痛苦境地。此时，迈尔的两个孩子也先后不幸夭折，内外交困中的迈尔跳楼自杀未遂，后来竟得了精神病。

即使当年的迈尔被逼进了疯人院，但今天人们仍然将他的名字与焦耳并列在能量转化和守恒定律奠基者的行列。焦耳为争夺名利而导致的悲剧，也为人们世世代代所遗憾和谴责。

由于权力地位与名利连在一起，所以自古以来就有争夺权力地位的斗争。这种斗争往往环环相扣，一旦投入其中，便会越滑越快、越陷越深，乃至不能自拔。所以说人生诸多烦恼，多由贪婪权势引起；人间诸多祸患，也多由贪婪权势招致。因此追求名誉和权力的时候，更应该铭记的是“君子爱财、爱名、爱权”都得“取之有道”。

小仲马是法国著名小说家大仲马的私生子。受父亲影响，他也热爱文学创作。不过一开始，小仲马寄出的稿子总是碰壁。大仲马得知后，便对儿子说：“如果你能在寄稿时，随稿附上一封短信，或者只是一句‘我是大仲马的儿子’，情况也许会好些。”

“不，我不想坐在您的肩膀上摘苹果，那样摘来的苹果没有味道。”小仲马固执地说。后来，他不露声色地给自己取了十几个其他姓氏的笔名，以避免编辑们把他与鼎鼎大名的大仲马联系起来。

接下来很长一段时间，小仲马收获最多的仍是一封封退稿信。但他始终没有沮丧，仍然笔耕不辍。后来，他的长篇小说《茶花女》以绝妙的构思和精彩的文笔震撼了一位资深编辑。这位编辑与大仲马合作多年，他发现寄稿人的地址正是大仲马家的地址，便怀疑大仲马另取了笔名。可是为什么写作风格也变了呢？带着疑问，编辑迫不及待地来到大仲马家。当他得知作者竟是名不见经传的小仲马时，不禁疑惑地问道："您为什么不在稿子上写上您的真实姓名呢？"

"我只想拥有真实的高度。"小仲马说。

小仲马可以接受父亲的建议，早一些品尝成功、享受胜利，但是那样，他将失去独立的人格尊严，更无法品尝到那个最甜的苹果。只有暂时放下那些虚伪的赞赏，用自己的能力去打拼一个"真实的高度"，才能体验真正意义上的成功。

每个人都有自己不同的活法，对个人而言，各有各的追求；对社会而言，各有各的贡献。一个快乐的人不一定是最有钱的、最有权的，但一定是最聪明的，他的聪明就在于懂得人生的真谛：花开不是为了花落，而是为了灿烂。功成名就从一定意义上来讲并不难，只要用勤奋和辛劳就可以换取，就是需要把别人喝咖啡的时间都用来拼搏。

世间有许多诱惑：桂冠、权贵……但那些都是身外之物，只有生命最美，快乐最贵。我们想要活得潇洒自在，要想过得幸福快乐，就必须做到：淡泊名利享受、割断权与利的联系，无官不去争，有官不去斗；位高不自傲，位低不自卑，欣然享受清心自在的美好时光。这样就会感受到生活的快乐和惬意。否则，太看重权力地位，一生的快乐都会毁在争权夺利中，那就太不值得、也太愚蠢了。

子楚是秦孝文王的儿子，被作为人质送到了赵国。他在当地的生活并不宽裕，不方便乘车，居所也很狭小，住得很不舒服。

当时吕不韦正在邯郸做生意，见到子楚后，就打起了他的主意，认为子楚是一个可以囤积起来、留待日后发财的宝贝。于是他就前去拜见子楚，说："我可以帮你光大你的门户。"

子楚听后笑着说："你还是先光大你自家的门户，然后再来帮助我吧！"

吕不韦说："你有所不知，我家的门户要等你家的光大了之后才可能光大。"

子楚听懂了吕不韦话中隐含的深意，于是忙请他入座细谈。

吕不韦说："现在的秦王已经年迈体衰了，安国君被封为太子。我听说安国君十分宠爱华阳夫人，所以，将来决定立谁为王室继承人的大权就握在华阳夫人手中。而华阳夫人自己没有生育，现在你们兄弟有20多个人，你排行在中间，并不怎么受到宠爱，平时还长时间地作为人质被送到别的国家。所以等到秦王去世，安国君继承王位之后，你根本没有资本与长子及其他那些整日围绕在安国君身旁的兄弟们竞争，被立为太子的机会很小。"

子楚说："是这样的。那我应该怎么办呢？"

吕不韦说："你的生活清贫，又是客居在这里，所以没有钱财可以用来奉献给双亲或是结交朋友。我虽然也不是很富有，但仍愿资助你一笔财产，以供你回到秦国后讨得安国君和华阳夫人的欢心。这样你就有机会被立为太子了。"

听得子楚连连叩谢说："如果一切真如您所说的，那么等我成了秦国国君之后一定把秦国的土地与您共同分享。"

在大商人吕不韦的资助和帮助下，子楚后来终于即位为王，即秦庄襄王，是秦始皇的父亲。当然，吕不韦的“生意”就做得更大了：子楚当上秦国国君后，他受封为闻信侯，担任秦国的相国。

在舍与得之间权衡利弊，为的是用较小的舍换取最大的得。这也可以说是一种投资行为。而说到投资，恐怕古往今来无人能比得上战国时期的赵国商人吕不韦了。吕不韦之所以能赚得盆满钵满，是因为他舍得在子楚身上花钱。

活出自己最精彩

名声是一个人追求理想、完善自我的必然结果，但不是人生的目标。一个人如果把追求名声作为自己的人生目标，处处卖弄自己、显示自己，就会超出限度和理智。人一旦超出限度、超出理智，常常会迷失自我。此时就不是你想干什么就能干什么，而是名声要你干什么你不得不干什么。这样岂不是变成了名声的奴隶了吗？

人生在世，没有人不希望活得更体面些，也没有人不希望受人尊重，但是一旦把握不住其中的尺度，心态就会出轨，欲望就会泛滥。所以，任何人都应该放平自己的心态，认识到“天生我材必有用”，每个人都有自己的人生价值。无论是天王巨星，还是平凡百姓，你就是你，既不要为自己有所专长而自命不凡，也不要为自己暂时失意而灰心丧气。只有不攀比、不崇拜、不沽名钓誉，我们才能脚踏实地地积极进取，成就一个真实的自己。

莱特兄弟1903年发明了飞机并首次飞行试验成功后，名声大噪。一次，有一位记者好不容易找到了兄弟两人，要给他们拍照。弟弟奥维尔·莱特谢绝了记者的请求，他说：“为什么要让那么多人知道我俩的相貌呢？”

当记者要求哥哥威尔勃·莱特发表讲话时，威尔勃回答：“先生，你可知道，鹦鹉叫得呱呱响，但是它却不能飞得很高很高。”

莱特兄弟俩视荣誉如粪土，不写自传，不接待新闻记者，更不喜欢抛头露面显示自己。有一次，奥维尔从口袋里取手帕时，带出来一条红丝带，姐姐见了问他是什么东西？他毫不在意地说："哦，我忘记告诉你了，这是法国政府今天下午发给我的荣誉奖章。"

莱特兄弟对待名誉是这样的淡泊，所以他们是不为虚名所累的人。

悬挂在天空中的星星看起来很小，我们却不能说它小，而且就算我们认为它小，也不能损伤它本体的大。星星永远是星星，人们知道它而它的数量也不增加，人们不知道它而它的数量也不会减少。

盛名之下，是一颗活得很累的心，因为它只是在为别人而活着。我们常羡慕那些名人的风光，可我们是否了解他们的苦衷？其实大家都一样，都希望能为自己活着，为自己活着的生活才更有意义。

做人就是做人，千万不要为名声而做人，不要为了使人知道而做人。培根说："重虚名的人为智者所轻蔑，愚者所叹服，阿谀者所崇拜，而为自己的虚名所奴役。"

所以人千万不能被虚名所累，否则你就会放弃努力，沉睡在已经取得的名誉上，不思进取，最后将一事无成。因此，也只有不为盛名所累，才能成就真实的自己。

忘掉得失，心情更自由

在日常生活中，对不用的物品的处理上往往体现出一个人的思维方式。随着人们生活水平的提高，家家都有不少已被更新淘汰但并未完全丧失功能的物品，有些人家舍不得丢弃，日积月累，无用之物越积越多，等到堆放不下了，只能惋惜地扔掉，并同时慨叹着“早知今日，何必当初”。

有些人随时淘汰那些不再需要的东西，省去了集中处理的精力，平时家中也显得简洁明快。其实人生又何尝不是如此，即便过着平凡的日子，也依然会不断地积累，大到人生感悟，小到一张名片，都是从无到有，积少成多。无论你的名誉、地位、财富、亲情，还是你的烦恼、忧愁都有很多该弃而未弃或该储存而未储存的。人类本身就有喜新厌旧的癖好，都喜欢焕然一新的感觉，不学会放弃就不会得到，学会放弃也就成了一种境界，大弃大得、小弃小得、不弃不得。所以在生活中应该学会遗忘不如意的时候，学会放弃生命中可有可无的东西，心胸自会坦然。

有一个聪明的年轻人，很想在一切方面都比他身边的人强，他尤其想成为一名大学问家。可是，许多年过去了，他在其他方面的成就都不错，学业却没有长进。他很苦恼，就去向一位大师求教。

大师说：“我们登山吧，到山顶你就知道该如何做了。”

那山上有许多晶莹的小石头，煞是迷人。每见到他喜欢的石头，大师就让他装进袋子里背着，很快，他就吃不消了。“大师，再背，别说到山顶了，恐怕连动也不能动了。”他疑惑地望着大师。“是呀，那该怎么办呢？”大师微微一笑，“该放下，不放下，背着石头怎么能登山呢？”大师笑了。

年轻人一愣，忽觉心中一亮，向大师道了谢走了。之后，他一心做学问，进步飞快……其实，人要有所得必要有所失，只有学会放弃，才有可能登上人生的最高峰。

我们很多时候羡慕在天空中自由自在飞翔的鸟儿。人，其实也该像鸟儿一样的，欢呼于枝头，跳跃于林间，与清风嬉戏，与明月相伴，饮山泉，觅草虫，无拘无束，无羁无绊。这才是鸟儿应有的生活，也是人类应有的生活。

然而，这世上终究还有一些鸟儿，因为忍受不了饥饿、干渴、孤独乃至于“爱情”的诱惑，从而成为笼中鸟，永远地失去了自由，成为人类的玩物。

与人类相比，鸟儿面对的诱惑要简单得多。而人类，却要面对来自红尘之中的种种诱惑。于是，人们往往在这些诱惑中迷失了自己，从而跌入了欲望的深渊，把自己装入了一个个打造精致的所谓“功名利禄”的金丝笼里。

这是鸟儿的悲哀，也是人类的悲哀。然而更为悲哀的是，鸟儿被囚禁于笼中，被人玩弄于股掌之上，仍欢呼雀跃，放声高歌，甚至于呢喃学语，博人欢心；而人类置身于功名利禄的包围中，仍自鸣得意，唯我独尊。这，应该说是一种更深层次的悲哀。

人生在世，有许多东西是需要我们学会放弃的。在仕途中，放弃对权力的追逐，随遇而安，得到的是宁静与淡泊；在淘金的过程中，放弃对金钱无止境的掠夺，得到的是安心和快乐；在春风得意、身边美女如云时，放弃对美色的占有，得到的是家庭的温馨和美满。

古人云：“无欲则刚。”这其实是一种境界，一种修养。没有太多的欲望，就会活得更加简单，更加洒脱，更加自由。

于是，在滚滚红尘中，怀一颗平和心，抵挡各种诱惑；做一件平常事，学会放弃许多；当一个平凡人，简简单单地生活。

据说有一种小虫，每遇一物便取来负于背上，越积越重，又不愿放下一些，终于被压在地上。有人可怜它，帮它取下一些负重，它爬起来继续前行，遇物又取之背负如故。它的目的地是越过一堵高墙，却因气力不支——坠地而死。

紧闭的窗户前有一只蜜蜂，它不断地振起翅翼向前冲去，撞上玻璃跌落下来，又振翅飞起撞过去……如此反复不断，直至力竭而死。

人有时也是这样。我们总喜欢给自己加上负荷，轻易不肯放下，自谓为“执着”。执着于名与利，执着于一份痛苦的爱，执着于幻美的梦，执着于空想的追求。数年光阴逝去，才嗟叹人生的无为与空虚。我们总是固执得很，由“我想做什么”到“我一定要做什么”，此时理想与追求反而成为一种负担。

适当的放弃何尝不是一种美德。或许有另一扇窗户开着，蜜蜂掉头就能飞出去。外面是自由的天，自由的地，自由的空气，自由的心。

忘掉过去的辉煌，开启希望的明天

人生就像一场赛跑，在没有跑到终点之前，谁也不能说是最后的赢家。即使你过去曾经取得过不凡的成就，那也只能代表过去的荣耀，而不能说明现在的辉煌。如果你自认为很了不起，永远了不起，那么就是你人生危机的开始了。即使暂时不被组织和团队淘汰，也会立刻被时代所淘汰。

如果把荣誉比喻成一簇鲜花，那么它终会有枯萎的一天。如果你只是躺在过去荣誉的鲜花里长睡不醒，那么你就可能走进枯萎的季节。

你过去取得的荣誉只是对你曾经一段时间工作成绩的肯定，而时代是不断向前发展的，过去的东西迟早会被现在和未来的东西所取代。

荣誉对我们每个人来说都有两种作用，它既能够给人们带来满足感和成就感，同时也可能麻痹人的精神，消磨人的意志，成为人进步的障碍和阻力。

正如英国诗人雪莱所说："过去属于死神，未来才属于你自己。"如果你只是在过去的辉煌当中止步不前，那么，你即使活着，也同行尸走肉没有什么两样。

今天的成就是昨天的累积，明天的成功则有赖于今天的努力。如果你今天不努力，今天就停止了前进的脚步，那么，明天你一定会失去发展的可能，甚至丧失生存的权利。

当刚刚创业四年的海尔在全国电冰箱评比中，获得中国电冰箱史上的第一块金牌后，全厂上下兴奋不已，正等着张瑞敏开庆功会。但出乎所有人的意料，张瑞敏召集了所有中层干部，并在会上宣读了一封用户来信。

在那封信里，一位匿名用户对海尔冰箱提出了一些问题和改进的建议。为此，张瑞敏当场点名批评了有关部门的负责人。点名批评之后，所有中层干部都开始自查工作中存在的问题，分析原因，找出差距。

一场意料中召开的“庆功会”变成了“批评会”，这件事在管理者和员工中产生了很大的反响。对此，事后张瑞敏对大家解释说：“骄兵必败。既然我们的产品要做到零库存，那成功也应该是‘零库存’。只有时刻让自己处在最低的位置，忘掉那些过去的成绩，我们才能有机会把成功的道路拓得更宽。”

此后，大家不仅在金牌面前找差距，在取得成就后也处处找差距，最终迎来了海尔的飞速发展。

大凡成功者，他的特征，就是永不停止、随时随地地追求进步，永不满足于目前取得的荣誉，不断地向着下一个更新、更好、更大的目标前进。成功人士深深懂得，如果自己停下脚步就会被别人赶上，所以他总是自强不息地力求进步。一件事情总是在昨天的基础上才能做得更好，而不是停留在昨天的成就上止步不前。

一个人的身体之所以能够保持健康活泼，是因为人体的血液随时都在更新。同样，一个人之所以才华出众，是因为他不停留在过去的荣誉上，永远都在吸收新的东西，争取新的突破。这样，他的事业才能一天天地发展起来，最后取得持久的成就。

成功的时候，我们往往自视很高，看不到自己的缺点，也看不到别人的长处，只有等到危机来临时，才发现自己错失的太多。而真正优秀的人，总能把每一次成功看成新的开始。即使功成名就，也能倒空功名，重新给未来定位。荣耀是我们的奠基石，但千万不要抱住不放，否则奠基石就会变成绊脚石。

古人说："物满则溢，月满则亏。"这其实是一个很简单的道理。当一个容器被装满的时候，就无法再装进任何东西了。比如一个水杯，空的时候可以倒进去水，可是倒满后，多一滴水就会溢出来。人也是一样，如果你脑子里装满了利益、权力、知识、业绩、荣耀、经验、骄傲……便很难容纳进新的东西，自然也就谈不上超越和进步了。

生活中，常会有一些集过度自信自满甚至自负于一身的人，这些人对于自己总是自我感觉良好，认为自己比别人强，别人不如自己。过度自信自满的人，他心中的"杯子"已经是满满的，已无法再装进任何东西。

人的一生中随时需要知识更新，不断吸取养分，所以心中的"杯子"一定要及时倒空。

海纳百川，有容乃大。江海之所以能成为百川之王，是因为身处低下。要想拥有江海的事业和辉煌，首先要拥有容得下百川的心胸和气度。人要想不断进步，有所成就，就必须放低自己的身姿，倒空自己，用空杯的心态接受新的知识。

很多人最容易犯的错误就是骄傲自满。即当拥有一些知识和经验或取得了一点点成就就沾沾自喜，就接受不了其他的意见，不肯再接受新的东西。

其实，这个世界上有许多东西是永远学不完的，一些先进的思想和理念也是永远体会不完的。

有一个博士生，在他毕业后的两年里，一连换了好几家单位，每次都在不长的时间里就被公司辞退。

这位博士毕业时，找工作进行得非常顺利。刚开始时，应聘单位一听说他有博士头衔，都争相聘请他。于是，他选择了其中一家不错的单位。但刚到单位第一天，他就颇为不满。因为没有专人接待，领导只让一位同事帮他安排了住宿。他有种受冷落的感觉，觉得自己一个博士生，理应受到相当的重视。

带着这种情绪工作，自然处处挑剔，什么都看不上眼。这样一来，心思根本就没有放在工作上，自然什么也干不好。就这样过了三个月，因为没有创造出他本该创造的价值，领导对他的能力产生了怀疑。不仅如此，因为顶着光环，过于骄傲的他，同事关系处理得很差，常常流露出瞧不起他人的样子，大家都疏远他，不愿和他一起做事。后来被分派到分公司，他还是管理不善，因没有创造效益而最终被公司辞退了。

之后他又去过几家单位，每次都是因为无法拿出业绩，自己又埋怨不受重用，过不了几个月就被辞退了。

他之所以坐“冷板凳”，是由于他的心太满了，整天活在“博士”的光环中，不懂得谦虚学习，不懂得听取他人正确的意见。这样自大的人怎能得到组织的赏识和重用？

要知道，任何一个用人单位只会对职员的“使用价值”买单，而不是你自认为所谓的“价值”，如学历、文凭、荣耀、经验等。你的学历，你的光环，仅仅代表你自身的价值；而使用价值，则是你利用自己的能力，为组织创造效益的那一部分。如果总觉得自己了不起，有学识，理所当然应该得到组织的重视，可是你却没有得到重视，是因为你的价值观没有建立在为组织创造效益的基础上。同时也说明你“太满”，无法接受新东西。

一个人只有勇于“倒空”自己，轻装上阵，才能不断地学到更多的东西。

只有做一个彻底的“空杯”，才能以淡然的心态待人做事。这样，你就不会有怀才不遇、怨天尤人的抱怨心态。这时，无论是生存，还是打拼事业，你都会如鱼得水。

当你肯“舍弃”罩在身上的“光环”时，就会“得到”一身轻松。这样的你，不仅能学到更多的东西，也能创造更多的价值。

放下得失，做正确选择

人生的许多烦恼都来源于得与失的矛盾。如果单纯就事论事，两者泾渭分明，水火不容。但是，从人的生活整体而言，得与失又是相互联系、密不可分的，甚至在一定的程度上，我们可以将其视为同一件事情。不仅得失如此，诸如福祸、利弊、进退、成败、贵贱等也都像孪生姐妹一样彼此相倚相扶、难分难舍。这是中国人对于生活的一个普遍感受。我们不妨动动脑子认真想一想，在生活中有什么事情纯粹是利，有什么东西全然是弊？显然没有。所以，凡是明白人都晓得，天下之事，有得必有失，有失必有得，得失同生。

春秋战国时期的宓子贱，名不齐，是孔子的弟子，鲁国人。有一次齐国进攻鲁国，战争迅速向鲁国单父地区推进，而此时宓子贱正在单父做宰相。当时正值麦收季节，大片的麦子已经成熟了，不久就能够收割入库了，可是战争一来，眼看到手的粮食就会让齐国抢走。当地一些父老向宓子贱提出建议，说："麦子马上就熟了，应该赶在齐国军队到来之前，让咱们这里的老百姓去抢收，不管是谁种的，谁抢收了就归谁所有，肥水不流外人田。"另一个也认为："是啊，这样把粮食打下来，可以增加我们鲁国的粮食，而齐国的军队也抢不走麦子作军粮，他们没有粮食，自然也坚持不了多久。"尽管乡中父老再三请求，宓子贱坚决不同意这种做法。过了一些日子，齐军一来，把单父地区的小麦一抢而空。

为了这件事，许多父老埋怨宓子贱，鲁国的大贵族季孙氏也非常愤怒，派使臣向宓子贱兴师问罪。宓子贱说："今年没有麦子，明年我们可以再种。如果官府这次发布告示，让人们去抢收麦子，那些不种麦子的人则可以不劳而获，得到不少好处，单父的百姓也许能抢回来一些麦子，但是那些趁火打劫的人以后便会年年期盼敌国的入侵，民风也会变得越来越坏，不是吗？其实单父一年的小麦产量，对于鲁国实力的影响微乎其微，鲁国不会因为得到单父的麦子就强大起来，单父也不会因为失去这一年的小麦而衰弱下去。但是如果让单父的老百姓，以至于鲁国的老百姓都存有这种借敌国入侵能获取意外财物的心理，这是危害我们鲁国的大敌，这种侥幸获利的心理难以整治，那才是我们几代人的大损失呀！"

宓子贱自有他的得失观，他之所以拒绝父老的劝谏，让入侵鲁国的齐军抢走了麦子，是认为失掉的是有形的、有限的那一点点粮食，而让民众存有侥幸得财得利的心理才是无形的、无限的、长久的损失。得与失应该如何取舍，宓子贱做出了正确的选择。要忍一时的失，才能有长久的得，要能忍小失，才能有大的收获。

天下万事万物都是双刃剑与两面刀，正面固然锋利，反面同样能够伤人。看惯了人世间上演的一幕幕福祸纠缠、庆吊相随的悲喜剧，一个成熟的人觑探了其中道理，便得亦不喜，失亦不忧，此所谓"得失两便"。生活就是这样，似得却失，似失还得，失中有得，得后有失。任何一件事情，都有正反两个方面，且随时相互转化。

古人在论及得失时说："自古以来，通达的贤者一般不存有什么得失的念头。古时候子文三次被免去令尹的职位，柳下惠三次被国君免官，这两人都处之泰然，未曾怨怒。银杯飞升仙，斛米被鼠雀损耗，柳公权、张率都恬淡不怒，只是一笑了之。有得有失，这是事物的常理。担心得不到，得到了又担心失掉，则被人鄙视。塞翁丢失骏马，祸与福同在，得失和荣辱，哪里用得着放在心上。”

很多先哲都明白得失之间的关系，他们看重的是自身的修养，而非一时一事的得与失。柳下惠，姓展名禽，是鲁国的大夫，曾任士师，三次被国君免官，可他却不走。故此《鲁论》上记载说：“柳下惠，担任士师，三次被罢免。”有人问他说：“你怎么不离开鲁国呢？”他回答说：“正直清白地做官，到哪里去不会被多次罢黜？没有正义感地做官，那又何必离开自己的国家？”孟子说：“柳下惠被免了官也没有怨言，穷困了也不显出可怜的样子。”柳下惠明白，要做一个清白正直的人，势必会遭到邪恶势力的嫉恨，也会使自己的利益受到损失。但即便是个人利益遭受损失，也不能放弃自己的主张，所以他能够坦然对待自己所处的环境。

对于得失问题，古人还认识到：自然界中万物的变化，有盛便有衰；人世间的事情也同样如此，总是有得便有失。

《论语》中记载孔子的言论：“愚钝的人可以让他做官吗？如果让这样的人做官的话，还没有得到官位的时候，害怕得不到；做了官以后又害怕失去。既然怕失去官位，那就什么都做得出来。”同样庸人在没有得到富贵与权力的时候，就是害怕得不到；得到富贵与权力的时候，则又唯恐失去。这就是我们常说的患得患失。

患得患失的人是把个人的得失看得过重。其实人生百年，贪欲再多，官位权势再大，钱财再多，也一样是生不带来死不带走。处心积虑，挖空心思地巧取豪夺，难道就是人生的目标？这样的人生难道就完美，就幸福吗？过于注重个人的得失，使一个人变得心胸狭隘，斤斤计较，目光短浅。而一旦将个人利益的得失置于脑后，便能够轻松对待身边所发生的事，遇事从大局着眼，从长远利益考虑问题。

16世纪初，有很多科学家都面临着困难的处境，意大利天文学家及数学家伽利略也面临同样的困难。有时候，他把自己的发现和发明当做礼物送给当时最重要的赞助者，从他们那里得到资助从事研究。然而，不管他的发现多么伟大，这些赞助人通常都是送他礼物，而不是赠予现金，因此他常常没有安定的生活。

1610年，他发现了木星周围的卫星。这一次他把这个发现呈献给麦迪西家族。他在寇西默二世登基的同时宣布，从望远镜中看见一颗明亮的星星（木星）出现在夜空上。他表示，卫星有4颗，代表了寇西默二世与其三个兄弟；而卫星环绕木星运动，就如同这4个儿子围绕着王朝的创建者寇西默一世一样。将这项发现呈献给麦迪西家族之后，伽利略委托他人制作一枚图案——天神坐在云端之上，四颗星星围绕着他——徽章献给寇西默二世，象征他和天上所有星星的关系。

1610年，寇西默二世任命伽利略为其宫廷哲学家和数学家，并给予全薪。对一名科学家而言，这是人生中最辉煌的岁月，伽利略四处乞求赞助的日子终于结束了。

伽利略仅靠一个简单的举动就摆脱了以前四处求乞的日子。理由很简单：贵族们实际上并不关心科学和真理，他们在意的是名声与荣耀。人们都希望自己看起来比其他人更为显赫出众，伽利略就将他们的名字连接上宇宙的力量来满足他们的虚荣。能和宇宙联系在一起，这样的荣耀有谁不想得到呢？

伽利略的策略让这些贵族们觉得自己不只是在做提供财源这样简单的工作，而是让他们觉得自己富有创造力并权倾一世，甚至比以前创造的伟业更崇高。

由此可见，你不能让他人感到不安，尤其是位居已上的人，并在必要的时候给予他们荣耀会给自己带来许多便利。伽利略不但没有以自己的发现挑战寇西默二世的权威，或者让他们在某一方面感觉自己有不足之处，反而把他们比拟为行星，让整个家族在意大利的王室之间璀璨夺目。他没有抢资助者的风头，而是把荣耀的桂冠戴在别人头上。

不论什么时候，位居高位的人总是希望自己的地位安稳，并使自己在智力、机敏度及魅力方面优于其他人。这样，他们才觉得平衡，那些认为展露并吹嘘自己天赋和才华可以赢得上司欢心的想法是绝对致命而又愚蠢的行为。你的上司很可能会假装欣赏你，等到一有机会就用聪明才智、吸引力及威胁性都比不上你的人来取代你。

也许有人会认为伽利略过于逢迎这些贵族，而失去了作为一名科学家应具有的品质。但是，科学家也不能逃避生活的反复无常，他们也需要有足够的经济支撑。如果仅仅用一个小策略就能获得更多的支持，又何乐而不为呢？

丢掉心理上的患得患失，摆脱观念上的物我对立，“天生我材必有用，千金散尽还复来”，“以前种种，譬如昨日死；以后种种，譬如今日生”，只要找到心理上的平衡，找到一条适合自我心灵快乐的生活之路，便是顺其自然的生活。

用理性的眼光看待得失

我们把握不住得失，是因为有的得失过于深刻，我们缺乏洞察它的远见卓识；有的得失似是而非、亦真亦假，我们少了一些辨析与思考；有的得失虽然一目了然，我们却又因一时冲动，而做出了错误的选择。得失不会顾及我们的感觉，它时刻与理性为伍。

隐性的得失容易被人忽视。人们难以驾驭，反而被它所左右，往往是隐性得失。所谓隐性得失，就是那些非显而易见的或是容易混淆的得失。有的得失藏匿得很深，而且潜伏期很长，一般人是很难把握的。把握如此长远而深刻的得失是需要有远见卓识的。但有的隐性得失隐藏得并不深，我们仍然把握不住它，是因为我们的忽视，或是欠缺了一些思考。古人告诫我们："凡事三思而后行。"我们每做一件事情，实际上都在播撒着得失的种子，但我们又常常处于无意识的漫不经心之中，直到它开了花甚至结出果来，才大吃一惊。比如，有的人爱发牢骚，发牢骚的时候并没有影响到自己什么，但到了关键的时候，发牢骚便成了罪状，现实中吃这个亏的人已经很多了。有的人做好事，仅仅出于良心、道义，压根儿就没想过得到回报，可喜出望外的事情偏偏就发生了。俗话说："有心栽花花不开，无心插柳柳成荫。"人的不理智就在于：只有心栽花，而无心插柳。想到有利可图的事便去做，而做事情的时候从不考虑会失去什么。如果我们换一种态度去做事又将会怎样呢？

有的得失又像是迷魂汤，在你乐呵呵以为得到了许多的时候，实际上你却失去了更宝贵的东西。有的人工作非常出色，几乎年年立功受奖，自己心满意足。可到了关键时候，领导就是不用他，还振振有词：“你不是年年立功受奖吗？不可能什么好事都轮到你吧！”至此他才发现自己被人耍了。我们好好想一想，工作干好了，而且对单位有好处，如果这些功劳算不到领导的头上，领导还有什么好处？顶多是让领导省心。但有的领导并不喜欢省心，一个单位搞成一块净土，还有谁给贪官送礼？现实中有些人不长知识、不长干劲、不长觉悟，长的就是心眼儿，这是因为觉得像上述那样的得失是需要用心眼儿去把握的。

为什么上当受骗的事屡屡发生？并不是骗子有多高明，许多骗局根本用不着多想，只要稍微想一想就能看破它，但我们在利欲熏心的时候，眼睛只会盯着“得”，如同看魔术表演，只看表演者的精彩之处，而不会去注意他的破绽。如20世纪80年代的连锁信，莫名其妙的来信中说：“你一定要给来信的人寄去20元钱，并按同样的方法给其他人写　封信，要不然你就大难临头了。”如此笨拙的骗局居然也有不少人相信。再后来发展到传销、出名人录、中奖、手机和网络诈骗，其实都是傻乎乎的游戏，居然还有那么多的人傻乎乎地乖乖地把钱塞进骗子的口袋。更愚蠢的是某些人，明知是后患无穷的事，偏要赌一把。前不久，看到一则关于车辆事故的电视报道，在行驶下坡路段之前司机就知道刹车失灵了，如果能够理智地停下，最多就是不赚这趟跑车的钱，但他还是要赌赌运气，挂着一挡下坡，结果想停也停不住了，车上所有的人都眼睁睁看着自己走向坟墓。有时得失是有条件的，同样一件事，人家能办成，你也可以办成，但人家办成了是“得”，你办成了却是“失”。比如说打“擦边球”，人家能打，你也能打，但人家打了是“得分”，而你打了就要“失分”。因为人家打“擦边球”的时候“裁判”视而不见，你打的时候，“裁判”早已死死盯着你了。

眼前的利益容易让人动心。人之所以目光短浅，并不见得都是“视力”太差，而是因为我们太现实了。眼前的“得”，我们不能放弃；眼前的“失”，我们又不能忍受。其实，我们面对的种种得失绝大多数不需要用远见卓识来判别，有的明知是不可为的，只是因为我们对眼前的诱惑或失落过于冲动，才会不计后果。只要我们理智一些，少一些冲动与侥幸，是能够冷静对待眼前的得失的。

拿得起更要放得下

一个人要想成就一番事业，就必须放弃自己想尝试的大部分职业，专心致志地去实现一个目标。在人生的早期，我们并不懂得这一点。在一个年轻人看来，他们想象中的职业都可以试一试。如果要他们进行选择，就会感到犹豫不决。但是随着年龄的增长才明白，在人生的各个阶段，我们需要对许多事物权衡比较，做出适当的取舍。

时光是不可倒流的，我们不可能再回到童年时代、少年时代。如果成年男子还试图像小男孩那样开心快乐，成年女子还希望像小女孩般无忧无虑，那就可以说，他们都患上了幼稚病。他们并不明白，许多愿望对人生早期来说是合适的，在以后就显得极不合时宜了，而是应该适时地放弃。要步入人生的新阶段，我们必须告别过去的生活，这样才能打开新生活的大门，从而让自己变得成熟起来，实现自己的人生愿望。

一个人应该明白做哪些事适合自己当前的身份，而哪些是不适合的。这样的话，他才能做到真正尊重自己。长大成人以后，他应该承担自己的责任和义务。他会选择自己的爱情、职业、爱好，在做出这样的选择以后，就该努力在既定的条件下发挥自己的才能，实现既定的人生抱负。“我不再是一个与他人无关的独立原子。”他不仅应该有勇气这么说，而且应把这种思想扎根在内心的最深处，“我所做的一切，会深深地影响他人。”

要放弃过去的观念是令人痛苦的。我们常常会固执地沉迷于自己的想象中，崇拜神秘的英雄人物。我们在幻想中将自己标榜为情场高手、伟大的英雄或是著名的科学家，我们希望自己今后成为这样的人。我们在这样的白日梦里寻找安慰，从而让自己免受伤害。但在可能和现实之间是存在着鸿沟的，企图越过这道鸿沟，去实现少年时的空想，这不仅是徒劳无功的，也是很危险的。

此外，我们不该向我们的孩子、朋友和爱人索取太多。我们应该宽宏大度，像卡尔·沙堡所说的那样："松开你的手，随他们去吧！"对于不可实现的愿望，我们不可以言不由衷地随便说说，我们应该发自肺腑地大声说："不！"我们应该清醒地认识到这种放弃意味着什么，进而从自身寻找新的力量，奋力向前。

舍和得，就如因和果，是相关又互动的。世间万物，凡有所舍，必有所得。生活在这个世界的我们，姑且不谈玄机妙理，"舍得"又何尝不是人生的真谛呢？

飞速行驶的列车上，一位老人不小心将刚买的新鞋从窗口掉下去一只，周围的旅客无不为之惋惜，不料老人毅然把剩下的一只也扔了下去。众人大惑不解，老人却从容一笑说："鞋无论多么昂贵，剩下一只对我来说就没有什么意义了。把它扔下去，就可能让拾到的人得到一双新鞋，说不定他还能穿呢。"

老人在丢了一只鞋后，毅然扔掉另一只鞋，这便是成熟而理智的表现。一般来说，人们总是飘飘然于拥有的喜悦，而戚戚然于失去的悲伤。老人却以从容的达观之态，超越于世人之上。的确，与其抱残守缺，不如舍去，或许这会给别人带来幸福，同时也使自己心情舒畅。老人这种舍得的做法令人顿生敬意，也值得我们深思和学习。

传说有一天，阎罗王正分派小鬼们投胎的去处。阎罗王抚尺一拍：“张三你到东村投胎做人”，“李四你到西村投胎做人”……只听到堂中的抚尺声此起彼落，阎罗王依序分派。等在一旁的猴子忍不住开口抗议：“阎罗王，无论张三还是李四，你都让他们到人间投胎做人，请你发发慈悲，也让我这只猴子尝尝做人的滋味吧。”

阎罗王说：“猴子啊，人的身上没有长长的毛，你全身上下毛茸茸的，怎么到人间做人呢？”猴子说：“我把身上的毛拔光，不就可以到人间去做人了吗？”阎罗王拗不过猴子的再三要求，答应帮猴子拔毛。阎罗王伸手拔了一根毛，猴子痛得吱吱叫，一溜烟逃之夭夭。阎罗王叹了口气说：“连一毛也舍不得拔，怎么有资格做人呢？”

我们能在人间为人，必定是前世做过许多善事。如果今生吝啬，一毛不拔，不肯与人分享钱财和成果，不肯与人为善，怎么有资格做人呢？

“舍得”并非是盲目的，“舍”是有目的地舍去，“得”是有选择地得到。其实，凡事有得必有失，有舍必有得。弘一法师说：“无论做什么事情，都不要想着占便宜。”便宜，天下人都争相拥有。如果我一个人占有便宜，则他人皆与我结怨；我不占便宜，则别人对我的怨气便消除了。轻利足于聚众，忍受小气，才不会招来大气；吃小亏，才不会引来大亏。舍得，并不是纯粹为了舍弃而舍弃，有时往往为了得到而有必要地舍弃。

有位居士向禅师诉苦：“我的妻子非常吝啬，不但对慈善事业毫不关心，甚至身边亲戚朋友遇到困难也不肯接济。请禅师到我家开导开导她。”禅师就跟随这位居士来到他家中。果然，居士的妻子十分小气，仅仅给禅师倒了一杯白开水，连一点茶叶也舍不得放。禅师并不计较，但是，不知为什么，禅师两个拳头夹着杯子喝水。居士的妻子扑哧一声笑了。禅师问她笑什么？她说：“师父，你的手是不是有毛病？怎么总是攥着拳头？”禅师问：“攥着拳头不好吗？我若是天天这样呢？”“那就有毛病了，天长日久，就成了畸形。”“哦——”禅师像是恍然大悟，伸开手，却又总是跷着五根手指头，干什么也不肯合拢。居士的妻子又被他的滑稽模样逗乐了，笑着说：“师父，你的手总是这样，还是畸形啊！”禅师点点头，认真地说：“总是攥着拳头或总是摊开巴掌，都是畸形。这就如同我们的钱财，若是只知死死地攥在手里总也不肯松开，天长日久，人的思想就成了畸形；若是大撒手，只知花用，不知储蓄，也是畸形。钱，是流通的，只有流转起来，才能实现它的价值。”

居士的妻子脸红了，因为她明白了，禅师所做的一切，都是变相在说服她不要吝啬。

人生在世，想得到的东西实在太多了，这是人的本性，但是，欲壑难填，欲望常常使人对“舍”与“得”把握不定，不是不及，便是太过，于是产生了许多本来不应该发生的悲剧。

该舍的，一定要舍。我们常说，会生活的人，或者说成功的人，最懂得的就是“舍得”。“舍得”几乎囊括了人生所有的真知妙理。只要我们能真正把握舍得的尺度，便掌握了人生成功的钥匙。

我们应该注意到，在放弃和压抑之间是存在着原则性区别的。一个人如果压抑他所有的欲望和希望，认为它们根本不可能实现，那么他就有可能走上一条悲剧性的道路。但敢于大胆放弃的人就不是这样，他们很清楚地认识到，那些欲望是根本不可能实现的，没有任何价值，在放弃之后，他们的内心变得更为坚强有力。他们敢于直面人生，也清楚地知道自己为什么要那么做。“我知道在自己的内心里仍然存在许多不成熟的观念，如果我放弃了成人的生活模式，我将会破坏自己或他人的生活。为了长久永恒的幸福，我宁愿放弃这些暂时的诱惑。”如果一个人能够这样对自己说，那么他便懂得放弃中也包含着丰富的人生智慧，就不会再压抑自己。我们敢于直面人生中的诱惑并能放弃它们，坚信只有这样才能实现永恒的和真正的幸福，这样的话，我们便不会再感到内心的冲突和精神上的重负了。

然而，人们在心情不好时，会不自觉地把坏心情抱得更牢，从而无法从烦恼的死胡同中走出来，这就是因为不懂得割舍。

有一位旅者经过险峻的悬崖，一不小心掉落山谷，情急之下攀抓住崖壁下的树枝，上下不得，祈求佛陀慈悲营救，这时佛陀真的出现了，伸出手过来接他，并说：“好！现在你把攀住树枝的手放下。”但是旅者执迷不松手，他说：“把手一放，势必掉到万丈深渊，粉身碎骨。”旅者这时反而更抓紧树枝，不肯放下。这样一位执迷不悟的人，佛陀也救不了他。

一个人不可能拥有他想要的所有东西。有时候需要适当地割舍，放弃一些利益，这样才能得到应该得到的东西。不懂得割舍的人，往往什么都得不到。

每个人都有着不同的发展道路，面临着人生无数次的抉择。当机会接踵而来时，只有那些树立远大人生目标的人，才能做出正确的取舍，把握自己的命运。

树立了远大目标，面对人生的重大选择时就有了明确的衡量准则。孟子曰：“舍生取义。”这是他的选择标准，也是他人生的追求目标。著名诗人李白曾有过“仰天大笑出门去，我辈岂是蓬蒿人”的名句，潇洒傲岸之中，透出自己想要建功立业的豪情壮志。凭借妙笔生花，他很快名扬天下，荣登翰林学士，这一古代文人梦寐以求的事业巅峰。

但是一段时间之后，他发现自己不过是替皇上点缀升平的御用文人。这时的李白就面临一个选择，是继续安享荣华富贵，还是走向江湖一路漂泊呢？以自己的追求目标作衡量标准，李白毅然选择了“安能摧眉折腰事权贵，使我不得开心颜”，弃官而去。

一些看似无谓的选择其实是奠定我们一生重大抉择的基础，古人云：“不积跬步，无以至千里；不积小流，无以成江海。”无论多么远大的理想、伟大的事业，都必须从小处做起，从平凡处做起，所以对于看似琐碎的选择，也要慎重对待，考虑选择的结果是否有益于自己树立的远大目标。

曾经看到过这样一则故事：

一只老鹰被人锁着。它见到一只小鸟唱着歌从它身旁掠过，想到自己却……于是它用尽全身的力量，挣脱了锁链，可它也因此折断了自己的翅膀。它用折断的翅膀飞翔着，没飞几步，它那血淋淋的身躯还是不得不跌落在地上。老鹰向往小鸟的自由，挣脱了锁链，却牺牲了自己的翅膀。

自由和锁链本来就是孪生兄弟。在革命的年代，“若为自由故，两者皆可抛”的气概无时不在。“不自由，毋宁死。”自由是人生最佳境界，提起自由，无不为之悠然神往。然而在现实生活当中，自由似乎都被锁链拴扣着。“鹰击长空，鱼翔浅底”这都是真的吗？我问自己。就让自己活在梦境当中，当它是真的吧，可长空的老鹰挣脱有形的锁链之后，却不知自己又被内心的欲望这条无形的锁链锁着。当它饥了、渴了，回到的还是那条锁链之旁。

有句俗话：“成人不自在，自在不成人。”一个人一生一世，熙熙攘攘，挑肥拣瘦，朝三暮四为了什么，还不是为自己选择一条什么样的锁链吗？古人云：“福兮祸之所伏，祸兮福之所倚。”当你名利双收之际，也就招来了双重的捆绑，戴上了双重的锁链。这就是自己的代价。所以一个人应该学会取舍，把握命运。

古时有位高人在给慕名前来学习的人第一次讲道理时，他先拿了一满杯黑颜色的水，然后再往这杯子里倒清水。杯里的水不断外溢，而杯中水仍有黑颜色混在其中。这时，高人对求学者说："要想得到一杯清水，必先倒掉脏水，洗净杯子，学习也是如此。"

有追求必有所放弃，学习也是如此。要在学业上取得更大的进步，就需要不断抛弃陈旧的观念，更新知识，不断调整改变思维方式。法国生理学家贝尔纳说："构成我们学习上最大障碍的是已知的东西，而不是未知的东西。"爱因斯坦也说过："我不久就学会了识别出那种能导致深邃知识的东西，而把其他许多只是充塞耳目、会转移主要目标的东西撇下不管。"

放弃，对每一个人来说，都是一个痛苦的过程，因为放弃意味着永远不再拥有，但是，不去放弃，而想拥有一切，最终你将一无所有，这是生命的无奈之处。

你必须学会放弃，选择你自己应该拥有的，否则，生命将难以承受。

贪婪让你丧失正确判断

生命如舟，载不动太多的物欲和虚荣，要想使之在抵达彼岸前不至于中途搁浅，就必须轻载，取只需要的东西。

一天，一个拥有无数钱财的吝啬鬼去他的牧师那儿祈求祝福。牧师让他站在窗前，看外面的街上，问他看到了什么，他说："人们。"

牧师又把一面镜子放在他面前，问他看到了什么，他说："我自己。"

窗户和镜子都是玻璃做的，但镜子上镀了一层水银。单纯的玻璃让我们能看到别人，而镀上水银的玻璃只能让我们看到自己。

还有这样一个故事：

有一个地方，人们都善于游泳。

一天，江水突然暴涨，有五六个人同乘一只小船渡江。但在渡到江中心时，船却突然破了，于是船上的人都跳到江中往岸上游。

其中有一个人使出了全身的力气，却远没有平常游得快。在他旁边游的一个同伴问："你是我们中间最善于游泳的，为何今天却游得这样吃力呢？"

那人答道："我腰里缠着一千大钱，非常重，所以游不动。"

同伴劝他说："快把它扔了吧，现在逃命要紧！"

那个人不说话，只是一个劲儿地摇头。

又过了一会儿，这个人更加没有力气了。已经上了岸的同伴们站在江边大声训斥他："你这人真是太糊涂了！太愚蠢了！命都快没有了，你还要那些钱干什么呢？快把它扔了！"

那个人还是舍不得，所以很快便沉下去淹死了。

人的眼睛也常常被金钱所蒙蔽，只见自己而不见别人。这样的人怎么能得到别人的认同、支持和拥戴呢？怎么能获得地位、身份和幸福呢？

《菜根谭》中提到：贪婪的人，身上富有了，但内心一贫如洗；知足的人，身上虽然贫穷，但内心很知足。人只要有一点贪恋私利，就会销熔刚强变为软弱，阻塞智慧，变得昏庸；仁慧变为狠毒，高洁变为污浊，败坏一生的品行。

三百年前，被康熙誉为"天下第一廉吏"的两江总督于成龙，为官二十载。每次升迁离任时，只用坛子装些当地的泥土留作纪念，每日粗米旧衣，形如樵夫，不贪不占不巧取，戒奢戒骄戒招摇。这与"三年清知府，十万雪花银"那种腐败的封建官场，形成了鲜明对照。他的品德为人被人们所称颂，使当时江宁一带一改奢靡之风，以至在其病逝20年后，康熙再下江南时，当地百姓仍念念不忘他的清廉之名。

舍得，就是要舍"得"，就是要敢于舍去自己已有的，只有这样，才能得到幸福。关于舍"得"的真理，以下就是个典型的例证：

有一个年轻的基督徒，他的虔诚感动了上帝。这天，上帝突然在他面前现身，并且要奖励他一些宝贝。年轻人非常高兴，便带上行囊，和上帝一起来到一个神秘的仓库里。

年轻人简直看花了眼，因为仓库里装满了五光十色的宝贝，每件宝贝都让人爱不释手。仔细看，宝贝上还刻着清晰的文字，有"正直"、"美丽"、"勇敢"……

"我的孩子，你可以随便拿。"上帝微笑着告诉年轻人。年轻人赶紧回过神来，抓起宝贝就往行囊里装，只恨自己的行囊太小，能装得宝贝太少。

但是在回家的路上，年轻人发现装满宝贝的行囊是那么的沉。没走多远，他便感觉两腿发软，气喘吁吁。

“我的孩子,我看你还是丢掉一些宝贝吧！回家的路还远着呢！”上帝说。

是啊,年轻人恋恋不舍地在行囊里翻来翻去,最后咬咬牙丢掉了两件宝贝。

但是行囊里有数十件宝贝，丢掉两件显然不能轻松多少。不一会儿，年轻人不得不再次停下来，咬咬牙又丢掉了一些宝贝，有“痛苦”，有“烦恼”，有“骄傲”……

重量显然轻了不少，但年轻人一开始装得实在太多，更何况他的双腿已经累得好像灌了铅。

“孩子,”上帝又一次劝道,“你再翻一翻行囊,看看还能不能丢点什么？”

经过反复翻找，年轻人长叹一声，终于扔掉了两件沉重的宝贝——“名”和“利”。这下，口袋里只剩下了“谦虚”、“正直”、“快乐”、“爱情”、“健康”……年轻人再去提行囊时，感觉说不出的轻松。

但是，就在离家还有两百米的地方，年轻人突然感到前所未有的疲惫。这一次，他一步也走不动了。

“我的孩子，”上帝心疼地对他说，“你再看看还有没有可以丢掉的宝贝。你可以暂时把它放在路边，等明天恢复了体力再来拿。如果它是你的，明天它一定会在，如果它不是你的，以后我还可以再给你。”

年轻人实在不想再舍弃什么了，但是不再舍弃一些，他根本回不了家。最后，他拿出了“爱情”，恋恋不舍地放在了路边。

年轻人终于走回了家，可是他并没有想象中那么快乐，尤其是那个放在路边的“爱情”让他担心不已。上帝走过来说：“我的孩子，‘爱情’虽然可以给你带来幸福和快乐，但它有时也会成为你的负担。你现在最需要的是休息，等明天恢复了体力再把它拿回来，可以吗？”

第二天一早，年轻人来到路边，拿回了带着露珠的“爱情”。那一瞬间，他感到无比的幸福和快乐。这时，上帝走过来，微笑着说：“我的孩子，你终于学会了放弃，终于感受到了放弃的幸福！”

懂得放手和舍去是明智之举，照民间的说法就是吃饱了要晓得放碗。所以，舍得是一种人生哲学，舍是一种本领、一种态度、一种境界。舍得舍得，先舍后得，“舍”在前，“得”在后，也就是说，“舍”与“得”虽是反义，却是一物的两面。舍得是对等的，你先“舍”，然后才能“得”。这就是“舍得”的本意，能“舍”方能“得”。当然，这种“得”更多的是指精神的丰润、境界的升华。舍得之间暗藏玄妙，意境很深，只能靠自己去琢磨，去感悟。

莫让贪欲毁了你幸福的生活

每个人的情绪都是一个多维的系统，在这个系统中的每一维度的决堤都可能使整个情绪崩溃，一旦贪婪的对象成为专注的焦点，原先的多维系统就迅速崩溃了。所谓“唯利是图”、“见利忘义”，都是指情绪系统的制约机制已经失效的意思。

放下贪欲，珍惜生活。随着物质生产的不断发展，社会上到处物欲横流，人的占有欲不停地被滋养，像一匹脱缰的野马，无休止地向新的领域竞逐，使我们的心被它左右而不得自在。如果对欲望不加控制，还会让我们失去更多，甚至生命。

“天下熙熙，皆为利来；天下攘攘，皆为利往。”人之求利，本在情理之中，求不来亦是正常的。但贪婪的膨胀往往是因为有了某种机缘，如有了某种权力，一个人如果尝到了因这样的权力带来的甜头，就往往会想到无本万利，甚至不断采用一些手段达到这些目的。让我们看看下面这个醒悟的国王吧！

很久以前，有一个贪心的国王，每一天他都在拼命地聚敛金银财宝，准备留到自己后世享用。

国王有一个美若天仙的女儿，她的美丽可以迷倒世界上任何男人。为了聚敛更多的财富，国王颁下一道圣旨：“谁贡献的财宝最多，就把公主许配给他。”

一时间，天下的男人趋之若骛，争先恐后地把自己的财宝献给国王。到最后，国王利用这个方法搜刮到了所有的财富。但这时，他却把脸一翻，声称自己并未下旨，找了一个替罪羊杀掉了事。

人们为此懊恼不已，但是更懊恼的事情还在后头——过了不久，国王带着公主，亲自在城楼上宣布："谁能贡献自己的财富，就把公主嫁给他。"原来，国王并不相信自己已经拥有了所有财富。

公主实在太美丽了，但是人们已倾尽所有，如今也只能暗骂自己当初太傻了。其中有一个年轻人，他非常爱慕公主，但苦于已经身无分文，无法遂愿。时间一长，居然相思成病，日渐憔悴。

他的母亲是个寡妇，她非常疼爱这个唯一的儿子。寡妇焦急地问他："可怜的孩子，你得了什么病？居然病成这样？"

儿子说："我爱慕公主，可是不能和她交往，必死无疑。"

"但是所有的财宝都进了国王的仓库，我们到哪里去弄钱呢？"寡妇一筹莫展。

儿子听了更加绝望。

"我想起来了！"忽然，寡妇看到了丈夫的遗物，她说，"你父亲死的时候，口里含了一枚钱，你如果非要娶公主的话，就去把坟墓挖开，把那枚钱交给国王吧。"

年轻人果然找到了那枚钱。他来到皇宫，把钱交给了国王。国王问他："所有的金银宝物都进了我的仓库，难道你发现了地下窖藏？"

年轻人说："我没有发现地下窖藏。我母亲告诉我，先父死时，曾经在他口中放了一枚钱。我就去挖开坟墓，拿到了这枚钱。"

"什么？你是说这是死人的钱！"国王大吃一惊，不禁感慨地说道，"我收敛了那么多的宝物，想把它们带到后世享用。可是你的父亲却连一枚钱也带不走，那我要这些珍宝又有什么用呢？”

此后，醒悟的国王把财宝分发给了臣民们，一心教化民众，他的国家因此逐渐兴盛。

可喜的是国王及时地醒悟，及时地放下名利，放下自己的贪欲，放下了他一味地追求，最后他得到了国家的逐渐兴盛。

欲望的可怕之处就在于它往往使人丧失理智、蒙蔽心智，甚至忘却了生命的本质。生活中，最可怕的不是洪水、猛兽和大火，而是自己永远难填的欲壑。如果不能放下贪欲，正视名利，你必将失去快乐，甚至付出生命的代价。有一句话说得好：“金钱猛于虎。”

村子里住着一对朋友，一个是猎人，一个是樵夫。一天傍晚，他们在林边散步，突然，一个哲学家惊慌失措地跑了出来。

“你怎么了？为什么这么害怕？”樵夫问哲学家。

哲学家说：“树林里有一个吃人的东西。”

“树林里有老虎吗？”猎人问他。

“不！”哲学家说，“比老虎厉害得多——我在挖草药时，居然挖出了一堆金币！”

二人一听，觉得非常好笑，心想：“挖出金币还吓得魂不附体，这个哲学家真蠢！”他们问道：“你在哪儿发现的？告诉我们吧，我们不怕。”

哲学家说：“那东西真的会吃人！你们不怕吗？就在那片树林里。”说完，哲学家就走了。

二人立即跑到哲学家所指的地方，果然发现了一大堆金币。

“那个人真是世界上最愚蠢的哲学家！”樵夫对猎人说，“居然把这么宝贵的黄金说成是吃人的东西。”

“别管那么多了，我们赶紧想办法把这些黄金运回去吧！”猎人比较务实，他说，“这回我们可发了。不过现在把金币拿回去不太安全，必须在夜里偷偷拿回家里。这样吧，我们留一个人在这里看着，另一个人回家去拿点吃的东西。”

樵夫想想也是，于是赶紧往家走，准备饭菜去了。

留下来的猎人心想：“你也是个蠢人！我怎么会和你平分这些金币呢？等你再回来的时候，我一刀……”

走在路上，樵夫也在寻思：“我先回去吃饭，然后在他的饭菜里下毒。他一死，黄金就全是我的了。”

晚上，樵夫带着饭菜回到了树林里。猎人早已等候多时，冷不防地给了樵夫一刀，樵夫当即毙命。猎人对着樵夫的尸体说：“可怜的朋友，是黄金要了你的命。现在，我该吃饭了，我知道你的手艺一向很好。”饭刚吃了几口，猎人感到腹痛如绞，几分钟后便一命呜呼。临死的时候，他说：“哲学家说得真对啊！我当初怎么就想不明白呢？”

世界上能够处理好金钱关系的人很少。是金钱把快乐变成烦恼，把幸福变成忧伤；是贪欲把最亲密的朋友变成了最残酷的冷血杀手。另一方面，人们又总是低估自己心底的物欲，往往在最后一刻才幡然醒悟——金钱不过是身外之物，生命、情感、品德，这些都比金钱更宝贵。所以，面对名利，我们不妨问问自己：金钱固然重要，名利固然让人欣喜，可是失去了生命和亲情，这一切还有什么意义？

在生活中，有几个人能够抵挡金钱的魔力？大部分人，终其一生，都在为金钱打拼，用健康、用快乐、用亲情，用一切代价去赚取永远无法赚完的金钱，甚至为之迷失、被它葬送。所以，每个人，包括你我，是时候放下名利了。当你想开了这一点，你会发现，我们想要的，不过是一种内心坦荡、顺其自然的生活。甚至于放下了一味地追求，我们反而能得到更多。

PART 02 第二章

舍得中成就自我

SHE DE ZHONG CHENG JIU ZI WO

舍，并不就真的意味着放弃；而得，未必会让你真的成就未来。放弃与获得只是一种选择，当我们放弃 1 的时候，可能在无意中却得到了 2，而得到之时，我们必定会放弃一些东西。而人生就是在舍得中不断交替的过程。

与人为善，共享快乐

当你施恩于他人，你也相对地成为更好的人。行善所带给你的正面影响，能作用得很久，就算受惠的人已经忘了，对你的助益仍在。善行不在乎大小和代价，和善的言辞和贴心周到的礼貌都会让人感激且难以忘怀。

从前有一个国王，他有一个为他所钟爱到极点的儿子。这位年轻的王子，没有一件欲望和要求得不到满足。因为他父王的疼爱与权力，使他可以得到一切他所向往的东西，然而他仍常常眉头紧锁，面容愁苦。

有一天，一位大魔法师走进王宫，对国王说，他有方法可以使王子快乐，能把王子的愁容变成笑容。国王听了大为高兴，对魔法师说："如果你能办到这件事，你要求的任何赏赐，我都可以答应你。"

于是魔法师将王子领入一间密室中，用一种白色的东西在一张纸上涂了一些字迹。他把那张纸交给王子，让王子走入一间暗室，然后燃起蜡烛，注视着纸上呈现出的东西，说完魔法师就离开了。

这位年轻的王子遵命而行，在烛光的映照下，他看见那些白字化成美丽的绿色。而变成的一行字是"每天为别人做一件善事！"王子遵照了魔法师的劝告，很快就成为一个快乐的少年。

一个人的生命，只有在有助于他人时，才能称得上是喜悦与快乐的。我们必须要有所"给予"，才能有所获取，我们的生命才能生长。

一颗善良的心，一种爱人的性情，可以说是我们最大的财富。虽然我们给予他人以爱、同情和鼓励，然而我们本身却并未因为给予而有所减少。反而会由于给予而获得更多。我们把爱、同情、善意给人愈多，则我们所能收回的爱、同情和善意也愈多。

与人为善，同时你也会得到善；而与人为恶，总是相互指责与猜忌，那么带给人的也只有误解和怀疑。“如果你握紧一双拳头来见我，”威尔逊总统说，“我想，我可以保证，我的拳头会握得比你的更紧。但是如果你来找我说，‘我们坐下，好好商量，看看彼此意见相异的原因是什么。’我们就会发现，彼此的距离并不是那么大，相异的观点并不多，而且看法一致的观点反而居多。你也会发觉，只要我们有彼此沟通的耐心、诚意和愿望，我们就能沟通。”

与人为善，并不是只有大富翁才能做的事，我们每一个人都可以做到。怀着好心情、好精神的人，虽然没有一文钱可以施舍给别人，但是他能比那些慷慨解囊的富翁行更多的善事。

善的付出收获爱的回报

如果人人都献出一颗爱心，那么，生活的大地上就不会长出仇恨的杂草和魔鬼的庄稼。因为爱心是善行的种子，种豆得豆，种瓜得瓜。

关于人性本善与本恶的争论，几乎响彻了历史的整个甬道，至今仍未休止。我却认为：人是自然界的一分子，呱呱坠地的时候，无所谓好坏，无所谓善恶。人的善恶不是先天的赐予，而是后天养成的。

黎巴嫩大哲学家纪伯伦说："当你努力奉献自己的时候，你便是善。"引而申之，当你不择手段寻求私利满足私欲的时候，你便离恶的深渊不远了。善与恶作为两种界限分明的行为，每个人都有选择的权利和机遇。或者说，人降生到这个充满物欲的世界上，其一举手一投足都深刻着善与恶的印迹。

有一个医生名叫杨传礼，久事按摩，自成一派，三十年前便以手法独到而应召中南海。这也应算作当代御医了。杨医生声名在外，却非常谦和热忱，不像有些人偶有所成便端着一副架子，专向上边看。杨医生对病人一视同仁。他在按摩室的墙上，挂满了锦旗，其中有杨成武将军送的，更多的是不知名的黎民百姓送的。按摩如同踢足球，技术和体力同等重要。但还有一种无形的力量不可或缺，那便是精神，一种敬业和奉献的精神。

杨医生从医四十余年，他的两只手，不知使多少人恢复了健康。如今，他已六十有余，却仍站在病榻前，一遍一遍地按、摩、摁、压，常常是半日未竟，早已汗流浃背。但只要有病人到来，他就不会歇息。只要那双健劲有力的大手从病人身上碾过，病人便立刻感到如释重负，浑身轻爽。

选择善行，其实是选择一种人生态度。大自然很公平，它给予每个人的生存空间、时间和物质大致相同。谁也不能占有谁，占有即是剥夺。大自然又太不公平，它常常将一些人推向生命的绝境，使之苟延残喘于饥饿、贫穷和凄凉、悲惨的旷野，这就需要爱的相助。人们相聚一处或邂逅异国他乡，都应视为一种天赐的缘分。

颜回是孔子最得意的门生。在颜回将死时，孔子几乎痛不欲生。颜回居陋巷不改其乐，是安贫乐道的圭臬；颜回不迁怒，是宽恕忠厚的典范。选择善行，其实也是选择一种品格，品格是道德风范的外化。

中国传统道德的核心是儒家学说的“仁”，剔除其糟粕，吸取其精华，概括起来，大约不外乎是为官要爱民、忧国，为民要爱人、尚义；穷而不坠其志，富而乐善好施；对己严格自律，对人宽厚真诚；忠于信仰，威武不屈，富贵难惑；忠于朋友，胸怀坦荡，不藏不匿；商海无涯，信誉为岸；世风险恶，谦洁是帆……有一位哲人说：“爱虽给你们加冠，也将你们钉在十字架上；他虽栽培你们，也将修剪你们。”

这一年的圣诞节，保罗的哥哥送给他一辆新车作为圣诞节礼物。圣诞节的前一天，保罗从他的办公室出来时，看到一个小男孩在他闪亮的新车旁走来走去，触摸着，满脸羡慕的神情。

保罗饶有兴趣地看着小男孩，从他的衣着来看，他的家庭显然不属于自己这个阶层。就在这时，小男孩抬起头，问道：“先生，这是你的车吗？”

“是啊，”保罗说，“我哥哥给我的圣诞节礼物。”

小男孩睁大了眼睛：“你是说，这是你哥哥给你的，而你不用花一角钱？”

保罗点点头。小男孩说："哇！我希望……"

保罗认为他知道小男孩希望的是什么，有一个这样的哥哥。但小男孩说出的却是："我希望自己也能当这样的哥哥。"

保罗深受感动地看着这个小男孩，然后他问："要不要坐我的新车去兜风？"

小男孩惊喜万分地答应了。

逛了一会儿之后，小男孩转身向保罗说："先生，能不能麻烦你把车开到我家前面？"

保罗微微一笑，他理解小男孩的想法，坐一辆大而漂亮的车子回家，在小朋友的面前是很神气的事。但他又想错了。

"麻烦你停在两个台阶那里，等我一下好吗？"

小男孩跳下车，三步两步跑上台阶，进入屋内，不一会儿他出来了，带着一个显然是他弟弟的小男孩，他因患小儿麻痹症而跛着一只脚。小男孩把弟弟安置在下边的台阶上，紧靠着坐下，然后指着保罗的车子说："看见了吗，就像我在楼上跟你说的一样，很漂亮对不对？这是他哥哥送给他的圣诞礼物，他不用花一角钱！将来有一天我也要送给你一部一模一样的车子，这样你就可以看到我一直跟你讲的橱窗里那些好看的圣诞礼物了。"

保罗的眼睛湿润了，他走下车子，将小弟弟抱到车子前排的座位上，小男孩眼睛里闪着喜悦的光芒。于是三人开始了一次令人难忘的假日之旅。

这个圣诞节，保罗明白了一个道理：给予比接受更令人快乐。

选择付出，我们这个世界将会更加美好。选择善行，虽然我们不会太富有，但心灵世界却可以与世界融为一体。

善良让你的人格无限高尚

善良，是人类生存和社会发展最基本的精神力量。爱心能融化人的孤独感和分离感，它能使人与人之间的关系和睦温馨，它能打破人们心中的“围墙”，它是建立和谐人际关系的纽带。

世界不能没有爱，爱对于我们就像空气、阳光和水。爱是一宗大财产，是一笔宝贵的资源，拥有了这种财产和资源，人生就会变得富有、幸福，人生就会步向成功的顶峰。

真正的爱乃发源于心。换言之，爱是从圣洁之心、善良之心、无伪之心生长出来的，是从高尚人格中生长出来的。

一个人的生命，有助于他人，充满了喜悦、快乐，才有价值和意义。那种对人人付出爱心的习惯，和对人人抱着亲爱友善的精神所产生的喜悦和快乐，才能称为幸福。我们必须有所“给予”，才能有所取得，我们的生命才能生长。

有一次，一位哲学家问他的学生：“人生在世，最需要的是哪一件事？”答案有许多，但最后一个学生说：“一颗爱心！”那位哲学家说：“在这‘爱心’两个字中，包括了别人所说的一切话。因为有爱心的人，对于自己则能自安自足，能去做一切与己适宜的事，对于他人，他则是一个良好的伴侣和可亲的朋友。”

拥有一颗善良的心，一种爱人的性情，一种坦直、诚恳、忠厚、宽恕的精神，可以说是一宗财产。百万富翁的区区财产，若与这种丰富的财产相比较，则是不足挂齿的。怀着这种好心情、好精神的人，虽然没有一文钱可以施舍他人，但是他能比那些慷慨解囊的富翁行更多的善事。

假使一个人能够大彻大悟，能尽心努力地为他人服务，为他人付出爱心，那他的生命就更有意义。最有助于人生命发展的，莫过于从早年起，就养成有爱心以及懂得爱护人的“习惯”。

我们把爱心、善意、同情、扶助给人愈多，则我们所能收回的爱心、善意、同情、扶助也愈多。

人生一世，有些人所能得到的成绩和结果常常微乎其微。此中原因，就是在爱心的给予上显然不够大方。我们不轻易给予他人爱心与扶助，因此，别人也“以我们之道，还治我们之身”，以致我们也不能轻易获得他人的爱心与扶助。

常常向别人说亲热的话，常常注意别人的长处，说别人的好话，能养成这种习惯是十分有益的。人类的短处，就在于彼此误解、彼此指责、彼此猜忌，我们总是盯着他人的不好、缺憾、错误的地方而去批评他人。假使人类能够减少或克服这种误解、指责、猜忌，能彼此相互亲爱、同情、扶助，那么梦寐以求的欢乐世界就能够实现了。

我们大多数人都是因为贪得无厌、自私自利的心理，以及无情、冷酷的商业行为，以至于爱心被蒙蔽，只能看到别人身上的坏处，而看不到他们身上的好处。假使我们能改变态度，也不要一味地去指责他人的缺点，而多注意一些他们的好处，则于己于人均有益处。假使人们彼此间都有互爱的精神，这种氛围一定可以使世界充满爱和阳光。

仁慈的爱心是世界上最伟大的情感力量，它要求无条件地全然付出，在不断地臻于完美的同时，也为你迎来了最为可贵的幸福。

人要有仁爱之心，热爱一切，爱心能唤醒人类的善良，唤起人类最美好的情感。与此同时，你的幸福感也会油然而生。

我们的一生中有时会在刹那间猝然醒悟。然后我们发现，每一件事情都遵循着一个模式发展，而那个模式在美妙地契合之间，成为一个整体。

当然，我们并不总会有这种感觉。我们都偶然会有“那样的一天”，在那些日子、时刻和钟点，我们发现所有的好事全都发生了，我们的生活进展得顺理成章，而我们得到的正是我们所需要的。

让我们所爱的人去和我们以外的一些人建立密切的关系，去爱他们、支持他们和抚育他们，把我们的爱升华到了一个更高的层面。

张开我们的关系网络，将之与人分享，虽然这违背了我们内心占有欲的那个神话的核心：我们把所爱的人视做禁忌，他人不得染指。然而，控制和占有同爱心恰恰背道而驰。尽管我们与人分享的时候会冒风险，可是，在与周围人分享我们遇到的好事时，也会使我们从中感觉到令人难以置信的愉悦。

幸福的产生与否就在于一个人的心态如何，那种善良的心、仁慈的爱能产生巨大的威力，迎来盼望的幸福。毕竟在这个地球上，只有充满着爱心的角落、家庭，才能得到幸福光芒的照耀。

世界著名的精神医学家亚弗烈德·阿德勒曾经发表过一篇令人惊奇的研究报告。他常对那些孤独者和忧郁病患者说：“只要你按照我这个处方去做，14 天内你的孤独忧郁症一定可以痊愈。这个处方是——每天想想，怎样才能使别人快乐，让别人感到人世间的爱心力量？”

有一个 50 岁的女人，在丈夫去世不久，儿子又坠机身亡，她被悲伤和自怜的感情所包围，久而久之得了忧郁症，甚至产生了自杀的念头。好心的邻居带她去找亚弗烈德·阿德勒，阿德勒问清病情后劝她去做些能使别人快乐的事。50 岁的她能做些什么呢？她过去喜欢养花，自从丈夫和儿子去世后，花园都荒芜了。她听了亚弗烈德·阿德勒的劝告后，开始整修花园，施肥灌水，撒下种子，很快就开出鲜艳的花朵。从此，她每隔几天都将亲手栽培的鲜花送给附近医院里的病人。她给医院里的病人送去了温馨，换来了一声声“谢谢您！”这美好的“谢谢您”轻柔地流入她的心田，治愈了她的忧郁症。她还经常收到病愈者寄来的贺卡、感谢信，这些卡和信帮助她消除了孤独感，使她重新获得了人生的喜悦。

无论一个人的生活多么平凡，即便生理上有这样或那样的缺陷，都应该学会这个精神处方——多想想，怎样才能让别人感到快乐？

有一个盲人在夜晚走路时，手里总提着一个明亮的灯笼，别人看了很好奇，就问他：“你自己看不见，为什么还要提灯笼走路？”

那个盲人满心欢喜地说：“这个道理很简单，我提上灯笼并不是给自己照路的，而是为别人提供光明，帮助别人。我手里提上灯笼，别人也容易看到我，不会撞到我身上，这样既可以保护自己的安全，也帮助了别人。”

在漫漫的人生道路上，你如果觉得自己孤寂，或者觉得道路艰难，那你就照着阿德勒的话去做。只要心中有一盏温暖的灯，就将照亮你暗淡的心灵，获得温暖，度过寒冷的冬季，跨过每一道障碍。这样你会逢凶化吉，因祸得福，获得快乐，使你远离精神科医生。因为爱的表现是无条件地付出，奉献出来，而最终结果是无偿地获取。

你在送别人一束玫瑰的时候，自己手中也留下了最持久的芳馥。

奉献让生命完美无瑕

只要我们将自己奉献给他人，爱对我们而言便是随手可得的。我们的爱给予他人，我们会因此得到更多的爱。

我们用一个故事来证明这个伟大的信念，这是最动人心弦也最具说服力的故事：

琳达是个美国女孩，作为一名老师，只要有时间，她便从事一些艺术创作。在她28岁的时候，医生发现她长了一个很大的脑瘤，他们告诉她，做手术存活的概率只有2%。因此他们决定暂时不做手术，先等半年再说。

她知道自己有天分，所以在6个月的时间里，她疯狂地画画及写诗。她所写的诗除了一首之外，其余的都被刊登在杂志上；她所有的画，除了一张之外，都在一些知名的画廊展出，并且以高价卖出。

6个月之后她做了手术。在手术前的那个晚上，她决定要将自己奉献出来——完全地、整个身体地奉献。她写了一份遗嘱，遗嘱中表示如果她死了，她愿意捐出她身上所有的器官。

不幸的是，琳达的手术失败了。手术后，她的眼角膜很快地就被送去马里兰一家眼睛银行，之后被送去给在南加州的一名患者，并且使一名年仅28岁的年轻男性患者得以重见光明。患者在感恩之余，写了一封信给眼睛银行，感谢他们的存在。他说他还要谢谢捐赠人的父母，他们一定是一对难得的好父母，才能养育出愿意捐赠自己眼角膜的孩子。在得知他们的名字与地址之后，便在没有告知的情况下飞去拜访他们。琳达的母亲了解了他的来意之后，将他抱在怀中。她说："孩子，如果你今晚没有别的地方要去，爸爸和我很乐意和你共度这个周末。"

他留下来了。他浏览着琳达的房间，发现琳达曾经读过柏拉图，而他以前也读过柏拉图的点字书；他发现她读过黑格尔，而他以前也读过黑格尔的点字书。

第二天早上，琳达的母亲看着他说："你知道吗，我觉得我好像在哪儿见过你，可是就是想不起来。"突然她想到一件事，她上楼抽出琳达死前所画的最后一幅画，那是她心目中理想男人的画像。画上的男人和这个年轻人几乎一模一样。

然后她母亲将琳达死前在床上所写的最后一首诗读给他听：

两颗心在黑夜里穿梭。

坠入爱河，

却永远无法抓到对方的眼神。

最彻底的、最善良的爱让琳达以奉献她的生命超越了物质实体，在精神世界中，仁爱赢得了永生。

包容提升你的人格魅力

有包容心的人，胸襟自然开阔。胸襟是否开阔也是衡量一个人能否成大事的重要标准。胸襟狭隘的人，只能看到蝇头小利和眼前利益；胸襟开阔的人，往往眼光高远，不计小利，以大局为重。

一个人要成大事，要开创一番事业，就一定要有开阔的胸怀。只有以爱心包容一切，才会取得事业上的成功与辉煌。

一个人的胸襟如果足够开阔，那么他所做的事情和他的做人原则一定是很有特点的。胸襟开阔的人对什么事都能够看得开，因此他们会处乱不惊，他们不存报复心理，他们的心里无极端倾向。这是一个人不断修养出来的美德和品质。做人，就应该养成这种良好品德。

在历史上，曾有很多战争的发生，其导因却是对一些小事的不宽容而致。

作为普通人，不可能因为一件小事就引发一场战争，但可能会因小事而使周围的人不愉快。因此说，一个人因为不大的事发怒，也就说明了他的胸襟是多么狭隘。

一个没有宽容之心、只为自己盘算的人，会到处受人鄙弃。其实，人们完全可以将自己化作一块磁石，来吸引自己所愿意吸引的任何人到自己的身旁——只要自己能在日常生活中处处表现出博爱与善意，以及乐于助人、愿意帮忙的态度。

如果常常对别人吹毛求疵，对于别人行为上的失误常常冷嘲热讽——这样的人大多是危险的人物，这样的人往往不太可靠。

具有宽大心胸的人，看出他人的好处比看出他人的坏处更快。反之，心胸狭隘的人，目光所及都是他人的过失、缺陷甚至罪恶。他们的心态是极端的，他们的心理是报复性的。轻视与嫉妒他人的人，心胸是狭隘的、不健全的。这种人从来不会看到或承认别人的好处。而胸襟开阔的人，即使憎恨他人，也会竭力去发现对方的长处，并由此来包容对方。

一个人如果只关心自己，他很难成为一个被他人喜欢的人。要想成为一个令人敬重的人，必须将自己的注意力从自己的身上转到别人身上。哲学家威廉说："人性中最强烈的欲望便是希望得到敬慕。"如果人只是过度地关心自己，就没有时间及精力去关心别人。别人想获得你的关心，却无法从你这里得到，当然也不会去注意你。

记住爱默生所说的话："每一个我所碰到的人，都在某个方面比我优秀；而在那个方面，我可以向他学习。"

得到别人的喜欢和敬重是一种幸福，爱别人、关心别人也是一种幸福。要真正地去关心别人、爱别人，激励他们展现最好的一面，那样，正如不求报酬做善事终有所回报一样，别人也会加倍地关心你、爱护你。

你希望那些和你来往的人都赞赏你，你希望人家赞赏你真正的价值，我们许多人都希望这样。因此，我们也要以希望别人待我们之心去对待别人。

我们每个人心中都有一种自己最重要的感觉，一旦别人帮助他实现了或让他体验到了这种感觉，他当然会对这个人感激不尽的。当别人超过我们，优于我们时，可以给他一种超越感。但是当我们凌驾于他们之上时，他们内心便感到愤愤不平，有的产生自卑，有的则忌恨在心。所以，让我们都谦虚地对待周围的人和事物，鼓励别人畅谈他们的成绩，自己不要喋喋不休地自吹自擂。

世界上没有什么比人更重要了。称赞和尊重别人，欣赏别人，使他们觉得受到重视，不花一分钱，却能对别人产生意想不到的作用。同样，别人反过来也会尊重你，以积极的态度对待你。

尊重和赞扬别人能够让他人感到受到了重视，受到了礼遇。纽约“瓦瓦公司”的负责人马克先生，替一位据称性格极其古怪的、著名的鉴赏家做庭园设计。有一次，他对鉴赏家说：“先生，我知道你有个雅好，就是养了许多漂亮的好狗。听说每年在麦迪逊广场花园的展览里，你都能拿到好几个蓝带奖。”鉴赏家听了之后很高兴，后来还提出送给马克的儿子一只小狗，并且打印一份血统谱系和饲养说明给他，告诉他怎样养狗。这就是让对方得到重视的报酬。鉴赏家不仅送给马克先生一只价值好几百元的小狗，而且在百忙中抽出了1小时15分钟的时间指导小狗的饲养。在双方愉快的接触交流中，马克先生也顺利地完成了自己的工作。

你怎样对待别人，别人就怎样对待你；你要使自己得到重视，你就得以同样的态度对待别人。

一个小故事是这么说的：

两个人迁移到一个小镇上。第一个人到了这个城镇的市郊，就在一个加油站停下来问一位职员：“这个镇里的人怎么样？”

加油站职员反问：“你从前住的那个镇的人怎么样？”这个人回答：“他们真是糟透了，很不友好。”

于是，加油站职员说：“我们这个镇的人也是这样的。”

过了些时候，第二个人驾车进了同一个加油站，问职员同样的问题：“这个镇的人怎么样？”

那个职员同样反问：“你从前住的那个镇上的人怎么样？”

第二个人回答：“他们好极了，真的十分友好。”

加油站职员于是说：“你会发现我们这个镇的人和他们完全一样。”

与人交往时，你需要别人知道你的价值，需要别人的认同，需要受到重视，那么，你必须让你遇到的每个人感受到自己的重要性。

伸出援手，让心灵升华

在这个物欲横流的时代，人们在情感上更需要新的支柱，不是利益，而是对他人的关心，对社会的责任感。

济难救急，助人为乐，可以说是人世间最美好的情感。在帮助他人、造福民众的义举、善举中，助人者、造福者无疑会有一种情感的升华，得到一种精神上的慰藉，获得一种心理上的满足，这应该算是心灵上最大的幸福。

富翁们大都是乐善好施者，他们常常热心于公益活动和慈善事业，常常投资或提供赞助资金，修建育婴堂、孤儿院、老年福利院、为残疾者办福利工厂等。在各种捐资助款的慈善活动中，在各种赈灾义演的场合里，我们随时都可以看到他们活跃的身影，富翁们往往会慷慨解囊，一掷千金。这一切，似乎与一些人心目中富翁们大都是些精明的理财鬼的形象大相径庭，因为巴尔扎克笔下的葛朗台那种什么都舍不得吃、什么都舍不得穿、什么都舍不得用，满脑子只是攒钱想法的吝啬鬼形象，至今还留存在个别人的头脑里。

其实，现代富翁们的行为是很容易理解的。精明的理财与乐善好施并非矛盾，这是两种完全可以统一起来的优秀品质。前者表现的是致富能力上的品质，后者表现的是对待金钱的使用态度。前者不能决定后者，但可以为后者提供财富上的支持；而后者则体现出一种博大的仁爱之心，为前者寻找到一条使用金钱的最好出路。

当然，我们并不否认也有为富不仁的富翁，但那毕竟是个别现象。

在斯坦利博士的调查报告里，我们就可以看到，在733位百万富翁一年的30项活动的排序表中，“参加社区或城市活动”和“为慈善事业筹集资金”就高居第三位和第五位。这说明了什么呢？说明公益活动、慈善事业在他们的生活中占据着相当重要的地位。

以现代企业集团的首脑郑周永来说，他从一个一无所有的穷小子，赤手空拳打下503亿美元资产的江山，一跃而成为世界瞩目的超级大亨、财界巨头。但他在日常生活中却出奇地“小气”：一条裤子可以穿上好几年；衬衫直到领子、袖口磨破了才换新的；一只旅行皮箱能用十几年，直到把手坏了才换新的。他没有自己的专用餐厅，经常在员工餐厅里与职员们一起用餐。他的办公室朴实无华，墙上只挂了一幅韩国国花的绘画和一幅“淡泊以明志”的字轴。他对六个弟妹、九个子女的管教也非常严格，要求他们都像他那样，过一种俭朴的生活。

然而，就是这样一位严于律己，如此崇尚俭朴的亿万大富翁，在对待公益事业、慈善事业上却是豪气冲天，大把大把的钱花起来毫不吝啬。1977年，他把自己拥有的“现代建设”的50%的股票捐了出来，建立了“峨山社会福利事业基金会”，还出资创办了医院、幼儿园等社会福利事业，充分显示出了他的仁爱之心。

有人或许会说：“不能以钱的多少来衡量爱心，很多并不富裕的人也有爱心，也在以他们微薄的财力帮助别人。”我们完全承认这样的说法，也丝毫没有在爱心上区别高下的意思。普通人的爱心和富翁的爱心一样，都是值得人们称道的。然而，我们不得不指出的是，要助人之多、助人之众，并形成一种规模和组织形态，那是需要很多钱来保证的。正是在这个基点上，富翁们比普通人有太大太多的优势，说白了，就是钱的优势。拥有很多很多的钱才可以办很多很多的公益事业、慈善事业，对此，富翁们的贡献之大，是足可以引以为豪的。

这些看起来似乎都是出于一种功利的目的，许多热心于公益事业的富翁的举动当时是否是出于功利的目的才这样行动，还是因为有了这种举动才带来这种功利的结果呢？这一切并非我们所讨论的核心。其实，世界上许多东西都是义利分不清的。作为一个有眼光的人，应该把这两者很好地结合起来，而不是取其一端，因为无论取哪一端，作为商人，他都不是成功的。

这个道理在现在应该是被许多商人看清了，所以许多大商人往往又是大慈善家，他们到处捐款救济孤老，兴办学校，受到社会的好评，他们的商业机构或产品也因之受到更多人的认可。

一个跨国公司的总裁曾如此说道："我们可以不要广告部，却不能不要慈善事业。广告让人们觉得我们想赚他们的钱，但慈善事业却使他们丢失了防备心理而不自觉地接受我们。"

当慈善家并非是富人的专利，我们每一位普通人都可以成为慈善家。请看下面一个真实而感人的故事：

在一个寒冷、漆黑的夜晚，漫天雨雪，在昏暗的笼罩下，城市的灯光才显得有一些明亮。此时此刻，钱包鼓鼓的购物者正准备回家享受美味的晚餐，商店也正要打烊，而女店员们站着工作了一天之后是如此的疲惫，她们没钱坐车，只好拖着沉重的步伐走回家去。

一个女店员在忙完了一天的工作后，踏着路上的积雪，正急匆匆地往家赶。她看起来是一个纤弱的女孩，穿着极为简朴，她身上那一件薄薄的秋装根本无法抵挡冬天的寒冷。显而易见，这个女孩十分害羞，她正全神贯注地想着什么。

有一个盲人坐在人行道旁的小巷子里，面对行色匆匆的路人，默默地卖着铅笔。寒风夹着雨雪敲打在他的身上，他没有穿御寒的衣服，他的手瘦如枯柴，然而他还是用冻得发紫的手指紧紧地抓住那些铅笔，潮湿的铅笔上已经沾满了飘落的雪花。

和其他匆忙赶路的行人一样，女孩从这个盲人的身边经过。但当她已经走过了半个街区时，突然，笨拙地掏了掏自己的衣服口袋，然后掉头往回走。

女孩注视着这个卖铅笔的人好一会儿，但当她发现这个盲人真的没有任何表情时，女孩拿出自己的钱包，一个极其干瘪的钱包。钱包里只有两枚银币，这是她连续几个星期努力工作所得的1/3，然而却是她现在所拥有的全部财产。女孩将其中的一枚银币放到男子手中，对他说："看在上帝的面上，请你收下，然后回家去吧！在这样恶劣的雨雪天气，你不应该坐在这里。"

怀着对那个不幸男子的怜悯，女孩继续走上了回家的路，她希望没有任何人看到她的所作所为。但一种希望他人得到祝福的渴望，可以让人体验到天堂的感觉。

在美国南北战争的弗雷德里克堡战役中，成百上千的北方联邦军伤兵在正在激烈交战的战场上躺了一天一夜。伤员们那折磨人心的呻吟声此起彼伏——"水，水，水……"但回答他们的只有枪炮的轰鸣。最终，一个南方的士兵实在无法忍受伤兵们的哀吟，请求长官让他出去给这些伤员送水。长官对他说，如果现在在战场上出现，那将必死无疑。但对那士兵来说，可怜的伤员们的哀吟已经淹没了呼啸而过的枪炮声，于是他冲了出去，背负着供水这项仁慈的使命，在遍地的伤员与濒死之人中穿行。双方军队的视线都被这个勇敢的战士所吸引。枪声依旧接连不断，他经过了一个又一个的伤兵，慢慢地把他们的头抬起来，并将那清凉的水杯放到他们干裂的嘴唇边。他怀着一颗仁慈的心，为了满足濒死伤员最后的乞求他竟然冒着生命的危险给他们送水，他们怀着崇敬的心情暂时停火了。随后，整个北方联邦军也停火了……

面对伤员最后的愿望，这名战士冒着生命的危险去帮他们完成心愿，这是人性的闪光，不管战争中的哪一方都被这种精神所震撼。仇人之间尚且如此，更何况大多数人是我们的朋友，因此，保持一颗同情心至关重要。救人一时之急，会得到他人一世之爱戴，何乐而不为?

当然，救助或帮助他人是要暂时付出代价的，但是如果从长远利益来看，这点个人利益的牺牲是微不足道的。

大家都知道“马歇尔计划”，这个计划不仅帮助了欧洲各国，更重要的是它开拓了国际市场，繁荣了国内市场，使其本国的经济有了良性发展的大环境。如果当时美国只考虑自己的眼前利益，不拿出那么多钱来振兴西欧，它会长时间保持霸主地位吗?

俗话说：“与人方便，与己方便。”今天你投别人以桃，他可能不会马上报之以李，但他早晚会记住你的好处，也许会在你不如意时给你以回报。退一万步来说，你好心帮助别人，他即使不会报答你的厚爱，但有一点可以肯定，他日后不会做于你不利的事情。如果大家都不做不利于你的事情，对你不也是一种极大的帮助吗?

回报社会成就自己的人生价值

我国著名的近代儒商、实业家卢作孚先生办企业的宗旨是：服务社会，便利人群，开发生产，富强国家。这一宗旨充分体现了儒家“以民为本”的服务观，它对企业的指导意义是超时空的，具有普遍性。作为一个企业家，“经营之神”王永庆取得了巨大成功，台塑的崛起为台湾的经济腾飞做出了很大的贡献，王永庆每年的纳税额都排在台湾纳税额排行榜的前十名之内。除此之外，王永庆还在各方面回报社会。

王永庆的生活非常俭朴，对铺张浪费十分反感，但对于回报社会则很大方，他曾经说过：“假如有一天钱赚得多了，你就会感到钱实在很没有用。”

1966年，王永庆悟透了生与死的道理，他说：“一个人永远不能回忆自己出生时的情形，一个人也永远想不到自己何时死亡。所以我们在活着的时候，要时时提醒自己。这样我们就可以放开胸怀，趁活着的时候，多做一点对社会大众有意义的事，等我们死了以后，会有活着的人想念我们，赞许我们，才算对一场人生有了交代，没有辜负此生此世。”

1972年，一次演讲时，有人问王永庆说：“以你现在的财富，生活不愁，何必还那么辛苦工作呢？”

王永庆回答，他的事业虽是个人创造的，可是和社会的关系很密切。即使先进国家的经营者，企业有了基础后，也一再扩展，没有听说谁赶快安排自己享受的。

1981年，又有人问他拼命工作的原因，王永庆回答说：“这是一个社会责任问题，我要负责任。如果企业没有使经营走上轨道，我今天外出万一被车子一撞，或两架飞机一碰，死掉了，我死是没关系，害了好多投资大众怎么办呢？人家把辛苦积下来的血本交给你，你一走掉，搞得不三不四，社会就混乱了。为了道义与责任，我不能不努力工作。”

王永庆认为，个人的成功有赖于社会提供有利的条件，成功人士有责任对社会做出回报，强者应该扶助弱者，有能力的帮助没能力的。

基于对人生的最基本认识，王永庆把服务社会作为人生的重要义务。

王永庆对社会捐献甚多，最为人知的是创办明志工专和长庚医院。另外还有不少捐赠，据说，他每年固定的捐赠不下数千万台币。

1970年，在明德基金会的支持下，王永庆成立了“生活素质研究中心”，定期举办讲座，请有关专业人士主持，帮助提高民众的生活素质。王永庆认为，随着台湾经济的发展，人们的生活水平也迅速提高，但只是物质方面的提高，人们的生活素质并没有质的提高。而人们在追求物质条件的方面，应该是以生活素质的提高为最终目标。如果只求物质生活的提高而忽略了精神生活的调理，那么人与人之间的关系就得不到重视，同时人们也会变得懒惰，甚至巧取豪夺，不问耕耘，只问收获。

王永庆认为，在一些人的心中，住洋房、开汽车就是他们追求的生活目标，精神生活则极为空虚，这样会导致物欲横流，挥霍无度，最后的结果是社会动荡，人民受难。

建立“生活素质研究中心”，其目的就是要设法改善因经济发展衍生出来的生活上的问题，希望通过各项提高生活素质的专题研究，提供有说服力的证据，引导社会向更健康、更公平、更和谐的方向发展。

1986年，当时，台湾岛内的器官移植手术需要大量的人体器官，但人们受传统全尸观念的影响，不肯把死后的器官捐出来，使得很多病患者得不到所需的器官。为此，王永庆公开宣布，在5年内，所有在死亡后捐出器官遗爱人间的人，他将赠送10万元新台币作为丧葬补助费。这一举措，对提倡捐赠器官的风气起了很好的作用。

同年10月31日，王永庆又捐建一所高15层、可容纳1.5万名观众的体育馆，该体育馆价值7.8亿元新台币。

1985年，为了帮助中小企业改善经营，提高岛内的工业水平，王永庆自己出钱，通过讲习的方式，把台塑的管理经验和管理制度，毫无保留地传授给台塑的下游企业。

在此之前，王永庆早就有把自己的管理经验向中小企业转移的想法了。原来，南亚有一任公司协理人，名叫伍朝煌，他在台塑工作了21年，在1983年离开台塑，自创了台育企管顾问公司，以其在台塑积累的经验为企业作顾问服务，结果大获成功，一年之后，其营业额超过新台币1亿元。有人问及王永庆对此事的想法，王永庆回答说："他能把从台塑学到的企业管理的知识，在外面发挥，我很高兴，是求之不得的事。一个公司培养出来的人，可以在外面讲学，有贡献，是很好的，也是社会的责任。"

经过这一件事，王永庆受到启发，他想，近年来，台湾的经济迅猛发展，但经营管理的方法却比较落后，在业界普遍面临激烈竞争的情形之下，如果做不好管理工作，企业的成长就会受到极大的限制，甚至遭到被淘汰的命运。台塑拥有丰富的管理经验，如能把其传授给下游的中小企业，则大家都会得到好处，真正做到共存共荣。因此，台塑决定出钱出力，举办讲习班，传授电脑化管理经验。

1985 年 7 月，台塑企业总管理处成立了一个辅导小组，对下游企业进行电脑化管理的经验传授。首先将生产、物料、采购、销售等制度教给他们；然后教他们怎样利用电脑把管理和会计制度联结起来；最后教导他们怎样建立起“异常管理”制度，并利用它来发现和解决问题。

王永庆说：“购买电脑很简单，使用电脑也不难，但是如何发挥电脑功能，利用电脑做好本身所需的管理，则是一件最重要的工作。”

中国传统文化讲求“富以德行”。这四个字不仅包含着在经商时要“见利思义”，而且还要求我们在收入丰裕的情况下尽可能地忧民之所忧，乐施天下。司马迁在《货殖列传》中记载了范蠡“三致千金”后，不忘亲朋好友与乡亲，把钱财分发给穷苦的朋友，因而善名远播，信誉日增，不久又积累了财富。“十九年中三致千金”因而获得了“富而好行其德”的好名声。所以后人以他的居住地为名尊之为“陶朱公”，这就是由于他“以德经商，富以德行”而赢得了后人尊敬，成为商人的楷模。

真心付出才知快乐的真谛

生活中慷慨的行为总是难以得到真诚的感恩。事实上，我们每个人每天的生活都在仰赖着他人的奉献，只是很少有人会想到这一点。

世界上最大的悲哀要算是一个人大言不惭地说："没有人给过我任何东西！"这种人不论在物质上贫穷还是富有，他的灵魂必然是贫乏的。

有良知的人，当他们意识到生活的赐予有多丰厚时，他们会真正地谦卑起来。他们感激别人对他们的生活所做的贡献。当一个人认识到信心、梦想和希望是促使他生活下去的动力时，他就会伟大而谦卑。任何人以自己的成功为荣时，都应该想起他从别人那里接受的东西有多少。

不错，感激是培养出来的，许多人从未真正感觉到它或将它表示出来。由于我们只注意我们需要什么，导致我们很少去注意这些东西是从哪里来的。如果你要拥有美好的生活，就应培养感恩的心。

见义勇为似乎超越了施恩的范畴，但事实上，见义勇为有更广泛的含义。见义勇为首先要求的不是他人，而是自身。它要求自己立身方正，刚正不阿，"勿以恶小而为之，勿以善小而不为"，敢行直道，敢担道义，一方面要和自己的恶欲贪念相抗争，另一方面对他人的不义行为不屈从、不苟且。

见义勇为，是中华民族千百年来最为崇尚的美德之一，人们对见义勇为的行为总是给予应有的颂扬，官方甚至给予当之无愧的荣誉和奖赏。没有哪一个朝代不倡导“见义而为”之风尚的。从某种意义上讲，“见义而为”是一种最大的施恩，是对国家、社会上的大多数人的施恩。

孔子说：“见义不为，无勇也。”所以，君子应当见义而为。孔子又说：“仁者必有勇，勇者未必有仁。”也就是说，具有仁义德行的人，必定有勇。勇于什么呢？勇于仁，勇于义。但有勇的人不一定具有仁义的德行，因为有些所谓勇者，只是勇于做坏事，为非作歹，或者只是不问青红皂白的勇。所以孔子强调说：“君子以义为上。君子有勇而无义为乱，小人有勇而无义为盗。”君子应把义作为至高无上的准则。如果只是有勇而无义，就会犯上作乱。只有把义与勇相融相合，统为一体才能真正做到见义而为。

墨子怀抱“救世”的情怀行义天下，认为只有义才能利民、利天下。所以，他以一个苦行僧的形象周游列国，不仅极力宣传他的学说主张，而且尽力制止非正义的、给天下百姓带来无穷灾祸的战争，达到了见义勇为的至高境界。

天下有名的巧匠公输班，为楚国制造了一种叫做云梯的攻城器械，楚王将要用这种器械攻打宋国。墨子当时正在鲁国，听到这个消息后，立即动身，走了十天十夜直奔楚国的都城郢，去见公输班。

公输班对墨子说：“夫子到这里来有何见教呢？”墨子说：“北方有人侮辱我，我想借你之力杀掉他。”公输班很不高兴。墨子又说：“请允许我送你锭黄金作为报酬。”

公输班说：“我义度行事，绝不去随意杀人。”墨子立即起身，向公输班拜揖说：“请听我说，我在北方听说你造了云梯，并将用云梯攻打宋国。宋国又有什么罪过呢？楚国的土地有余，不足的是人口。现在要为此牺牲掉本来就不足的人口，而去争夺自己已经有余的土地，这不能算是聪明。宋国没有罪过而去攻打它，不能说是仁。你明白这些道理却不去谏止，不能算作忠。

如果你谏止楚王而楚王不从，就是你不强。你义不杀一人而准备杀宋国的众人，确实不是个明智的人。”公输班听了墨子的一席话后，深为其折服。墨子接着问道：“既然我说的是对的，你又为什么不停止攻打宋国呢？”公输班回答说：“不行啊，我已经答应过楚王了。”墨子说：“何不把我引见给楚王？”公输班答应了。

于是，公输班引墨子见了楚王，墨子说道：“假定现在有一个人舍弃自己华丽贵重的彩车，却想去偷窃邻舍的那辆破车；舍弃自己锦绣华贵的衣服，却想去偷窃邻居的粗布短袄；舍弃自己的膏粱肉食，却想去偷窃邻居家里的糟糠之食。楚王你认为这是个什么样的人呢？”楚王说：“一定是个有偷窃毛病的人。”墨子于是继续说道：“楚国的国土，方圆五千里，宋国的国土，不过方圆五百里，两者相比较，就像彩车与破车相比一样；楚国有云楚之泽，犀牛、麋鹿遍野都是，长江、汉水又盛产鱼鳖，是富甲天下的地方。宋国贫瘠，连所谓野鸡、野兔和小鱼都没有，这就好像粱肉与糟糠相比一样；楚国有高大的松树、纹理细密的梓树，还有梗楠、樟木等。宋国却没有，这就好像锦绣衣裳与粗布短袄相比一样。由这三件事而言，大王攻打宋国，就与那个有偷窃之癖的人并无不同，我看大王攻宋不仅不能有所得，反而还有损于大王的义。”楚王听后说：“你说得太好了！尽管这样，公输班为我制造了云梯，我一定要攻取宋国。”

鉴于楚王的固执，墨子转向公输班。墨子解下腰带围作城墙，用小木块作为守城的器械，要与公输班较试一番，公输班多次设置了攻城的巧妙变化，墨子都全部成功地加以抵御。公输班的攻城器械已用完而攻不下城，墨子守城的方法却还绰绰有余，公输班只好认输，但是却说：“我已经知道该用什么方法来对付你了，不过我不想说出来。”墨子也说：“我也知道你用来对付我的方法是什么，我也是不想说出来罢了。”楚王在一旁不知道他们两个人到底在说什么，忙问其故，墨子说：“公输班的意思不过是要杀死我，我死后，宋国就无人能守住城，楚国就可以放心地去攻打宋国了。可是，我已经安排我的学生禽滑厘等300人，带着我设计的守城器械，正在宋国的城墙上等着楚国的进攻呢！所以，即便是杀了我，也不能杀绝懂防守之道的人，楚国还是无法攻破宋国。”楚王听后大声说道：“说得太好了！”他不再固执地坚持攻宋，而是对墨子表示：“我不进攻宋国了。”

墨子成功地劝阻楚王放弃了进攻宋国的计划后，便起程回鲁国。途经宋国时，适逢天降大雨，于是想到一个闾门内避避，看守闾门的人，却不让他进去。殊不知，正是墨子刚刚挽救了宋国，是宋国的恩人。

施恩不图报，凡符合自己道德标准的事就乐于去做，不为回报、不求名利、不为青史留名，这些被那些精明人看来是傻子做的事，是糊涂人乐于去做的。所以，只要自己觉得这样做是快乐的，糊涂也无妨。

请专注于你的目标

在人的一生中，精力旺盛的时间是有限的。但是在追求目标的时候，多数人是不考虑时间的，只是在一味地追求新的目标，不管它是否适合自己，只要看到新的东西、新的目标就要追求，于是就非常盲目地把自己很多宝贵的时间都浪费了。所以我们在新的目标出现的时候，选择最适当的目标，然后痛快地做出决定，做好取舍，全力以赴，直到成功，这也等于延长了生命。

拉马克于1744年8月1日出生于法国毕加底，他是兄弟姊妹11人中最小的一个，最受父母宠爱。拉马克的父亲希望他长大后当个牧师，送他到神学院读书，再后来由于德法战争爆发，拉马克当了兵。他因病退伍后，爱上了气象学，想自学当个气象学家，他整天仰首望着多变的天空。后来，拉马克在银行里找到了工作，想当个金融家。再后来，拉马克又爱上了音乐，整天拉小提琴，想成为一个音乐家。这时，他的一位哥哥劝他当医生，拉马克学医四年，可是对医学并没有多大兴趣。正在这时，24岁的拉马克在植物园散步时遇上了法国著名的思想家卢梭，卢梭很喜欢拉马克，常带他到自己的研究室里去。在那里，这位“南思北想”的青年被科学深深地迷住了。

从此，拉马克花了整整11年的时间，系统地研究了植物学，写出了名著《法国植物志》。拉马克35岁时，当上了法国植物标本馆的管理员，又花了15年时间研究植物学。50岁的时候，拉马克开始研究动物学。此后，他为动物学花费了35年时间。也就是说，拉马克从24岁起，用26年时间研究植物学，35年时间研究动物学，才成了一位著名的博物学家。

要达到目标是一件非常艰辛的工作。一旦你决定了人生的目标后，就要设定计划。正如建造房子一样，先由建筑设计师绘出一幅蓝图，再交由建筑队建造。在蓝图上，就像家中的各个摆设一样都要清楚地画出，一切都要设计得井然有序。

事实上，随波逐流、缺乏目标的人，永远不能淋漓尽致地发挥自己的潜能。因此，我们一定要做一个目标明确的人，这样的生活才有意义。

美国某著名企业家迪布·汤姆斯是个孤儿，由养父母带大，然后带着几美元踏入了这个社会。起初他换了好几份工作，最后在印第安纳州一家餐厅当实习服务生。他既聪明又勤快，把工作做得很好。餐厅的主人看在眼里，就把俄亥俄州哥伦布快要倒闭的小店交给他经营，以考验他的能力。

一开始，他无论如何也没有办法使那家小店兴旺起来，后来他找出业务不好的原因是因为菜式过多，采购时容易浪费，因此没有利润。于是他减少菜式，果然使生意日渐兴隆起来。

1969年，从小就喜欢吃汉堡的迪布·汤姆斯在美国俄亥俄州成立了一家汉堡餐厅，并用女儿的名字为店起了名——温迪快餐店。在当时，美国的连锁快餐公司已比比皆是，麦当劳、肯德基、汉堡王等大店已是大名鼎鼎。与它们比起来，温迪快餐店只是一个名不见经传的小弟弟而已。

迪布·汤姆斯丝毫不因为自己的生意小而气馁，他从一开始就为自己制定了一个高目标，那就是赶上快餐业老大麦当劳。

20世纪80年代，美国的快餐业竞争日趋激烈。麦当劳为保住自己行业老大的地位，花费了不少心机，这让迪布·汤姆斯很难有机可乘。一开始，迪布·汤姆斯走的是隙缝路线，麦当劳把自己的顾客定位于青少年，温迪就把顾客定位在20岁以上的青壮年群体。为了吸引顾客，迪布·汤姆斯在汉堡肉馅的重量上做足了文章。在每个汉堡上，他都将其牛肉增加了零点几盎司。这一不起眼的举动为温迪赢得了不小的成功，并成为日后与麦当劳叫板的有力武器。温迪一直以麦当劳作为自己的竞争对手，在这种激励中快速发展着自己。

终于，一个与麦当劳抗衡的机会来了。1983年，美国农业部组织了一项调查，发现麦当劳号称有4盎司汉堡包的肉馅，重量从来就没超过3盎司！这时，温迪快餐店的年营业收入已超过了19亿美元。迪布·汤姆斯认为牛肉事件是一个问鼎快餐业霸主地位的机会，于是对麦当劳大加打击。他请来了著名影星克拉拉·佩乐为自己拍摄了一则后来享誉全球的广告：“牛肉在哪里？”

一时间，“牛肉在哪里”这句话不胫而走，迅速传遍了千家万户。在广告取得巨大成功的同时，迪布·汤姆斯的温迪快餐店的支持率也得到了飙升，营业额一下子上升了18%。

凭借针对麦当劳的不懈努力，温迪的营业额年年上升，1990年达到了37亿美元，在美国的市场份额也上升到了15%，直逼麦当劳坐上了美国快餐业的第三把交椅。

在迪布·汤姆斯的干劲和信念的推动下，温迪连锁店现在已多达3200家。在快餐界排名前列。

古往今来，凡是有成就的人，都是这样，很注意把精力用在一个目标上，专心致志，集中突破，这是他们成功的最佳方案。曾经有人问牛顿怎样发现了万有引力定律，他回答说：“我一直在想着这件事。”

在回答“成功的第一要素是什么”时，爱迪生答道：“能够将你身体与心智能量锲而不舍地运用在同一个问题上而不会厌倦的能力……你整天都在做事，不是吗？每个人都是。假如你早上 7 点起床，晚上 11 点睡觉，你做事就做了整整 16 个小时。对大多数人而言，他们肯定是一直在做一些事，唯一不同的是，他们做很多很多事，而我只做一件。假如他们将这些时间运用在一个方向、一个目的上，他们就会成功。”高度专一与否，一天就有很大的差别，一月、一年、十年呢？那差异就更大了。

因此，卡莱尔说，最弱的人，集中其精力于单一目标，也能有所成就；反之，最强的人，分心于太多事务，可能一无所成。

PART 03 第三章

看淡得失交知己

KAN DAN DE SHI JIAO ZHI JI

一个善于发现和欣赏别人优点的人，一个善于理解和肯定别人的人，必然具备一种为人们所尊重和使人们乐于亲近的人格魅力，而这种魅力就是那种看淡得失的坦然。这样的朋友，他们毫无疑问地成了人际沟通方面的佼佼者，从而也成为人生之中的幸福者。

付出赞美，收获快乐

要赢得幸福，并在人生路上走得较为顺畅，首先要学会的，就是如何真诚地称赞别人。

赞美就像温暖人们心灵的阳光，但是绝大多数的人都太轻易地向别人吹去寒风似的批评，而不太愿意给予同伴一点阳光般温暖的赞美。

戴尔·卡耐基说过这样一个故事：

华克公司承包了一项建筑工程，要在一个特定的日子之前，在费城建成一座庞大的办公大厦。开始时计划进行得很顺利，不料在接近完工阶段，负责供应内部装饰用的铜器承包商突然宣布：他无法如期交货了。这样一来，整个工程都要耽搁了。

于是，长途电话不断，双方争论不休。一次次交涉全都没有结果。华克公司只好派卡鲁斯先生前往纽约。

卡鲁斯先生一走进那位承包商的办公室，就微笑着说：“你知道吗？在布洛克林区，有你这个姓氏的人只有一个。”

承包商感到很意外：“哦，我并不知道。”

“哈！我一下火车就查阅电话簿，想找到你的地址。结果巧极了，有你这个姓的只有你一个人。”

“我一向不知道。”承包商兴致勃勃地查阅起电话簿来，“嗯，的确，这是一个很不平常的姓。”他有些骄傲地说，“我这个家族从荷兰移居到纽约，几乎有两百年了。”

他继续谈论他的家族及祖先。当他说完之后，卡鲁斯先生就称赞他居然拥有一家这么大的工厂。承包商说：“这是我花了一生的心血建立起来的一项事业。我为它感到骄傲。你愿不愿意到车间里去参观一下？”

卡鲁斯先生欣然前往。参观时，卡鲁斯先生一再称赞他的组织制度健全，机器设备先进。这位承包商高兴极了。他声称这里有一些机器还是他亲自发明的呢。卡鲁斯先生马上又向他请教：“那些机器如何操作？工作效率如何？”到了中午，承包商坚持要请卡鲁斯先生吃饭，他说：“到处都需要铜器，但是很少有人对这一行像你这样感兴趣的。”

吃完午餐，承包商说：“现在，我们谈谈正事吧。自然，我知道你这次来的目的，但我没有想到我们的相会竟是如此愉快。你可以带着我的保证回到费城去，我保证你们所要的材料会如期运到。虽然我这样做会给另一笔生意带来损失，不过我认了。”

卡鲁斯先生轻而易举地获得了他所急需的东西。

其实，每个人的内心深处都有一种被称赞和被欣赏的渴望，而每个人也都有着值得被称赞和被欣赏的优点。称赞一个人，就意味着对这个人的优点的肯定。

一个善于发现和欣赏别人优点的人，一个善于理解和肯定别人的人，必然具备一种为人们所尊重和使人们乐于亲近的人格魅力，他们毫无疑问地成了人际沟通方面的佼佼者，从而也成为人生之中的幸福者。

1921 年，美国钢铁大王安德鲁·卡耐基提拔年仅 38 岁的查尔斯·史考伯担任新组建的美国钢铁公司的总裁，使他成为美国历史上第一个年薪超过百万美元的人。史考伯之所以受到提拔，并不是因为他有高超的业务技术能力，恰恰是由于他具有非凡的人际沟通的能力和懂得适时称赞别人的经验。

史考伯本人是这样来评价他的这段经历的：

“我能得到这么多的薪金，主要是因为我跟人相处的本领。而在后来的生活中，正是这种本领使我的幸福一直持续到现在。我认为，我能够使员工鼓舞起来的能力，是我所拥有的最大资产。而使一个人发挥最大能力的办法，正是赞赏和鼓励。再也没有什么比上司的批评更能抹杀一个人的雄心。我从来不批评任何人，我赞成鼓励别人工作。因此我乐于称赞而讨厌挑错。我诚于嘉许，宽于称道。在工作上如此方可成功，而在其他方面这样做则是我获得幸福的原初动力，也是每个人幸福的基点所在。”

这就是史考伯年薪百万的秘密。

史考伯在管理上的确做出了不同凡响的成就。后来他离开美国钢铁公司，接管另一家当时正陷入困境的贝斯雷汉钢铁公司，没有多久便使贝斯雷汉钢铁公司成为美国最赚钱的公司之一，这同他所说的“与人相处的本领”肯定有着直接的关系。

而提携史考伯的钢铁大王卡耐基，本身就是一个最懂得称赞别人的人。

安德鲁·卡耐基不仅在生前经常称赞他的雇员，甚至死了也不忘记这一点。他为自己撰写了一句非常独特的碑文：这里躺着的是一个知道怎样跟他那些比他更聪敏的属下相处的人。

所以学会赞美别人，你会获得更多的朋友，会赢得更多的幸福和快乐。

朋友是你一生的财富

朋友是人生中最重要的资源之一，一个人一生中如果不懂得多交朋友，不知道为开发朋友资源而付出努力，那么，他将会失去很多成功的机会。而且，这种人即使非常努力地拼搏，所取得的成就也不会很大，甚至徒劳无功。唯有那种善于开发和利用朋友资源的人，才会顺利走上成功之路。

一个人的力量毕竟是有限的。要想干一番事业，除了自己的奋斗，也需要借别人的力量，取得别人的帮助。追求共同的目标，就有共同语言，就能团结起来。一滴水汇进海洋就永不枯竭，一个人汇进集体就不再孤独，进而力量无穷。

曾有一位西方哲人告诉我们：哪里有朋友，哪里就充满阳光。是的，如果我们的社交圈广阔，到处都有朋友，那么，你就会走到哪儿都有人欢迎你，那不等于到处都充满阳光吗？

德国的卡西尔说："没有朋友的人，只能算半个人。"波斯的萨迪则说："损失一个朋友就好比你损失了一个肢体，时间可使自己的痛苦减除，但失去的永不能补偿。"

世界日新月异，唯有友谊永不褪色。美国的杰弗逊说："我发觉友情像酒，新酿时生涩，随着年代而醇熟之后，就是老者恢复体力的兴奋剂。"友谊如同文物和醇酒，越老越显示其价值。

让我们来看看那些成功者的友情吧。成功的人大多对友谊充满了种种美好的期待和幻想，他们希望友谊可以牢不可破，朋友之间的竞争能友好和善，他们还希望能与朋友同甘共苦、共创未来，这就是成功者对友情的美好寄托。

在这个理想王国之中，一个人会为他最好的朋友做任何事情。他会为朋友排忧解难；为了朋友即使冒生死之危险也在所不惜；他们相互倾听，相互鼓励，彼此扶持，携手共创辉煌。

英国大哲学家培根是这样评价友情的：友谊对人生是不可缺少的。如果没有友情，生活就不会有悦耳的和音，在没有友谊和仁爱的人群中生活，那种苦闷正犹如一句古代拉丁谚语所说："一座城市如同一片旷野。"在没有友谊和仁爱的人群中生活，人们的面目犹如一张图案，人们的语言则不过是一片噪音。

毕达哥拉斯曾说过一句神秘的格言："不要吃掉自己的心。"确实，如果将这句比喻讲得明白一些，就可以说，那些没有朋友的人，就是自己啃啮自己心灵的人。实际上，友谊的奇特作用是：如果你把快乐告诉一个朋友，你将得到两份快乐；而如果你把忧愁向一个朋友倾吐，你将被分掉一半忧愁。所以友谊对于人生，就像炼金术士所要寻找的那种"点金石"。它既能使黄金加倍，又能使黑铁化金。实际上，这也是一种很自然的规律。在自然界中，物质通过结合可以得到增强。而人与人之间不也正可以如此吗?

由此可见，友谊对人生是何等重要，它的好处是无穷无尽的。当一个人面临危难的时候，如果他平生没有任何可信任的朋友，那结局是可想而知的。

清凉灰冷的日子实在难过，但是友情足以壮人生之行色。

友谊是一种特殊的人类关系。友情是只有人类才具有的，是人在生活中不可缺少的宝物。

友情是当你接近沉沦或危难当头时突然增添的助飞螺旋。它可以是金钱、是眼泪、是劝慰、是忠告，也可以是呵斥、是暴怒，甚至是耳光。

友情于人生至关重要，但不可滥用，也不可过分依赖，因为它毕竟只是助飞的螺旋，如果你的主机毁损失衡，外力将爱莫能助。因此，应自立自强，将友情潜置于生命意义之中，与友人彼此倾慕，相互欣赏。

在友情中，相互信赖是首要条件，当然这种信赖伴随着对对方的尊重。与信赖你的人交往，你就可以发现自己所没有的长处，从对方那里得到激励与鞭策；反之，把信赖寄予朋友，这也胜过任何鼓励与安慰。

朋友是一把伞，虽不能遏制狂风恶浪，却能撑出一方晴空。没有朋友就像雨中无伞独行，唯有默默承受雨淋心头的那份伤痛。其实朋友之间的沟通是一种心的交流，在语言的撞击中你或许能得到意想不到的快乐。追思与畅想赶走了孤单，一腔柔情也有了着落，心灵的平衡带来谦让与宽容，人性因此而趋于和善，世界也因此更加美丽。

心灵的，永远是真诚的；精神的，永远是纯粹的。大千世界，芸芸众生，是谁在艰难跋涉，上下求索？又是谁在苦苦追问，惺惺相惜？是你，是我，是他！在人生漫漫长路上，生命如此渺小，生命如此孤单，生命需要慰藉，生命需要温暖。让我们在同声共振的友爱之中一起歌唱生命的美好吧！

真朋友之间没有得失

春秋晚期吴国有一位贤士叫季札，有一次他出使路过徐国，顺便拜望老朋友徐君。徐君见他佩带着一把极精美的宝剑，喜欢得不得了，可是不好意思向他开口。季札看出了他的心思，但考虑到还要佩此剑出使别国，也就没有主动挑明。等他出使回来，再去徐国探望徐君时，徐君却不幸得病死了。季札非常悲伤，他把宝剑解下来，挂在徐君墓前的树上。季札的随从感到奇怪，问他："徐君已经死了，这宝剑挂在这里给谁呢？"季札对他们说："徐君在世的时候，很爱这把剑，我心里明白他的这个愿望，并且已经在心里作了把此剑赠他的承诺。现在不能因为他已经去世，看不到我赠予了，就违背己心，毁诺轻信啊！"季札赠剑报知己的事情渐渐地传扬开了，大家纷纷赞扬季札是一个讲仁信忠爱的君子，一些名贤于是不远千里去投帖拜结，引为友类。

亲和疏是人际关系中无时不在的矛盾。从某种意义上说，人的一生就是纠缠在各种各样的亲疏关系的矛盾之中，而协调好各种关系，你就会生活愉快，工作顺利；反之则矛盾重重，大小瓜葛，种种纠纷，冤冤相报，无休无止。

在亲疏关系上，吃亏生存法的观点是要做到顺其自然。首先要确定亲疏标准，而后视其情况，当亲则亲，当疏则疏，不要着意于从人际关系中谋求点什么，换句话说就是不要太功利了。古人的择友极重投契，今人的处世观念与古人当然有了很大的变化，但是交友重诚重真，注重道义相规、患难相助，注重择贤而从的精神。这些即使在今天也是值得推崇的，以利害为基础的友谊不可能长久，欲得反失。“有心栽花花不开，无心插柳柳成荫”讲的也是这个道理。

交友本是人生的雅事与乐趣，切不可把它作为谋取财利的手段，否则很可能偷鸡不成反蚀把米。

人们几乎每时每处都要同大大小小握有权力、拥有势力的人接触、打交道。吃亏学所讲交友的真正意义上的自然和谐，就是不以权势大小来决定与之亲、疏、远、近。因为权势本非永恒的，而是无常的，那么以此为筹码的亲疏一定不会长远。所以真正做到不趋不避，不以权势为标准来决定亲疏远近，就十分了不起了。

不以权势作为取舍标准，不等于见官就躲，敬而远之；不要以权交友，也不等于就不能与为官者做朋友，所以比较恰当的态度是顺其自然，当亲则亲。

“吃小亏占大便宜”初听起来似乎是有些不道德，可如果邻里之间互相谦让，都舍得吃点小亏，维持了大好的生活环境，又何乐而不为呢？

但是不计较吃亏并不代表不明白吃亏，那样别人会怀疑你的智商，所以我们吃亏也要吃在明处，让得利之人明白我们的好和我们为了友谊做出的牺牲。

不管是吃大亏，还是吃小亏，只要能对搞好朋友关系有帮助，你就要尽力吃下去，不能皱眉。尤其是大亏，有时更是一本万利的事。

当然交友吃亏也必须讲究方式和技巧。

交朋友吃亏要吃在明处，否则就是白吃。有的人为了息事宁人，往往去吃暗亏，结果是“哑巴吃黄连，有苦难言”。

三国时期的孙权就是这样，为了收复荆州，假意将自己的妹妹嫁给刘备，结果在诸葛亮的巧妙安排下，孙权不仅赔了妹妹，又折了兵。荆州还是在人家手中，这个亏未免吃得太不值得了。

亏要吃在明处，吃在暗处就只有白吃了。你吃亏时，至少要让对方明白，让对方意识到，你吃亏是为了帮助他。

古人说“吃亏是福”，是很有道理的。因为吃亏，你就成了施者，朋友则成了受者，看上去是你吃了亏，他得了益，然而，朋友却欠了你一个人情，在友谊、情谊的天平上，你已为自己加了一个筹码，这是比金钱、财富更值得珍视的东西。

吃亏，会让你在朋友眼里变得豁达、宽厚，让你获得更深的友谊。这当然会使朋友更心甘情愿地帮助你，为你办事。

在现代社会，会吃小亏的人才不会吃大亏。你不吃点亏，别人怎么会替你办事呢？

陈嚣与纪伯为邻，一天夜里，纪伯偷偷地将两家的竹篱笆隔开，向陈家移了一点，以便让自己的院子宽一点，恰好被陈嚣看到了。纪伯走后，陈嚣将篱笆又往自己这边移了一丈，使纪伯的院子更宽敞了。纪伯发现后，很是愧疚，不但退还了侵占陈家的地方，而且还将篱笆往自己这边移了一丈。

《菜根谭》上说：“人之短处，要曲为弥逢，如暴而扬之，是以短攻短。”意思是：别人有缺点或过失，要婉转地为他掩饰或规劝他，假如去揭发传扬，就是用自己的短处来攻击别人的短处，到时肯定对自己没有什么好处。

所以，有时主动吃亏是为朋友，既让他觉得欠你的人情，又让他知道自己做错了。会交朋友会办事的人，乐意为朋友遮掩一下。

战国时，梁国与楚国相邻，两国在边境上各设界亭，亭卒们也都在各自的地里种了西瓜。

梁国的亭卒勤劳，锄草浇水，西瓜秧长势极好；而楚国的亭卒懒惰，西瓜秧自然长不好，与对面西瓜田的长势没法比。楚国的亭卒觉得失了面子，有一天夜里偷跑过去，把梁国亭卒的瓜秧全给扯断了。梁国的亭卒第二天发现后气愤难平，报告给边县的县令宋就，并说："我们也过去把他们的瓜秧扯断好了！"

宋就说："这样做是很卑鄙的，我们明明不愿他们扯断我们的瓜秧，那么我们为什么再反过来扯断人家的瓜秧呢？别人不对，我们再跟着学，那就太狭隘了。你们听我的话，从今天起，每天晚上去给他们的瓜秧浇水，让他们的瓜秧长得好起来，而且，你们这样做，他们一定会知道的。"

梁国的亭卒听了宋就的话后觉得有道理，于是就照办了。楚国的亭卒发现自己田里的瓜秧的长势一天好似一天，仔细观察，发现每天早上瓜地都是被人浇过的，而且是梁国的亭卒在黑夜里悄悄为他们浇的。楚国的边县县令听到亭卒们的报告，感到十分惭愧，不由得非常敬佩梁国的亭卒，于是把这件事报告了楚王。楚王听说后，也感于梁国人修睦边邻的诚心，特备重礼送梁王，既表示自责，亦表达酬谢，结果这一对敌国成了友好的邻邦。

为别人吃亏，实在是个搞好关系的好机会。当朋友在众人或是你面前犯了错，你一定要抱着吃亏的心理，干脆给他个面子，帮他一把，千万别"暴而扬之"。

很多时候，这种吃亏是帮助你的朋友，尽管你先前吃了亏，但最终朋友会弥补你，报答你的。

看淡得失才能得到真挚友谊

在人际交往中，人们相互之间交往应当诚心诚意，而不应怀着自私的个人目的，要获得真正成功的人际关系，就只能用一颗诚心去与他人交往。在这种情况下帮助他人，他人才会感到真正的温暖。如果带着个人目的去帮助他人，只能一时得逞，最终将失掉人心。如果你做不到这一点，你在帮助他人的时候可以试着将自己忘掉，忘掉你提供的帮助和友爱能够给你带来的好处。

对别人的帮助要落在实处，不要停留在口头上。世上有两种帮助，一种是随便帮帮，一种是一帮到底。前一种帮助也是帮助，也能够给人带来好处，但它不算真正的帮助，因为这种随便的帮助总是在关键的时候就不行了。后一种帮助才是真正的帮助，是帮他人彻底解决困难的帮助。我们常用两肋插刀来形容朋友之间很深的情义，当朋友有难时，我们能够不顾一切地去帮助他，这才是真正的帮助。当我们帮助他人的时候，一定要帮助他人解决实际存在的问题。

帮助他人也是需要技巧的，关怀要有关怀的艺术，也就是说在具体的情况下，当你想帮助某个人的时候，你要注意具体如何帮助他，才能使他切实得到你的帮助。如果不注意这一点，往往事倍功半，甚至适得其反。一位盲人在大街上着急地用拐杖敲着地面，是在说他不知道该怎么走了。好心的你走上去，想帮助他，告诉他左边是北，右边是南，他其实仍然分不清楚，他需要你拉着他的手，带着他走一段路。

帮助他人要坚持不懈，不要一时兴起，这也帮那也帮，不高兴的时候就谁都不帮。毛泽东说过，做一件好事并不难，难的是一辈子做好事。现代社会，在金钱的冲击下，很多人一举一动都在考虑着自己的利益，帮助别人时总认为自己是吃了亏，更别说坚持不懈地帮助别人了。

在帮助别人时，你也是在帮助自己——帮助自己体现人生的价值；帮助自己表现心底的善良；帮助自己获得友谊和赞许。因此，我们每个人都应该明白，无私地始终如一地帮助他人，是受社会所尊敬的优良品质。

在人际交往中，当我们帮助了他人时，我们不能以此沾沾自喜，自鸣得意，更不能摆出一副救世主的面孔，因为我们的帮助应该是无私的、诚恳的、不存在半点恩赐的意思。如果老记得自己有恩于他人，这样活着岂不是很累吗？居功自傲的人也常常因为其骄横的态度而招致别人的不满，人们不愿接受他的帮助，更别说得到一种好人缘了。

关键时刻要果断付出

“独木难支大厦。”朋友在困难时是最需要你能帮助他一把，无论多少，能否起到作用，你的心意和“雪中送炭”的鼓励，却是帮助朋友成功的动力。

一个年轻人曾这样回忆：

我不是一个爱写信的人，也不是一个喜欢收藏信的人，在我的家里只保留着几封朋友的回信和来信，其中有一封最珍贵的，是周老的回信。

当时，我工作不如意，原来的工作单位安安稳稳，收入不高也不算最低，吃不饱也饿不死，主要因为我上班时几乎无事可干，喝茶、聊天、看报纸。我厌倦了这样的生活，请求调动，单位却认为我是个人才，死活不放，可又不安排适合我的工作。偏偏在这时候女儿病了，要住院动手术，那时候，我觉得到了人生的最低谷，心灰意冷，意志消沉。于是想起给朋友写信，诉说心中的郁闷。

我写了两封信，一封给T先生，我俩曾经交往颇为密切，可到今天，我也没收到他的回信或电话。另一封就是写给周老的，我和周老只是在开会时见过几次面，交谈颇为投机，可此外没有别的联系。无论怎么说，我也只是一个晚辈，所以，把给周老的信发出去时我就没想会收到回信。可几天后，却意外地收到周老的回信，在信中，他客观而全面地替我分析了现在的情况，提出了很多建议让我参考，并说如果我女儿治病缺钱一定告诉他。

周老的信给了我很大的慰藉，就像一个在水面上漂了很久的人，突然感觉脚下就是陆地一样，心里踏实了很多。半年后，女儿的病痊愈了，我的工作问题也得到了妥善解决。我打电话给周老，是周老的家人接的，告诉我老人在一个月前去世了。周老收到我的信时，已经确诊为癌症，正在医院接受治疗，可在信中，他只字未提此事，想的是如何来帮助我，开导我。

周老的回信我一直珍藏着，时刻提醒我该如何对待朋友。对待朋友的态度，最能体现一个人的人品和性格，周老的身上体现着老一辈知识分子的高贵品格。

朋友的帮助，可以是雪中送炭，也可以是锦上添花。锦上添花易，雪中送炭难。既有锦，即使不添花，也还是锦；漫天大雪，朋友冻得瑟瑟发抖，你送上一盆炭火，朋友的身心都会被你温暖了。如果朋友就坐在炉旁，你的炭火就起不到这么大的作用了。

就像一直处在黑暗中，亮起的第一盏灯是最亮的，是明与暗的分野，也是我们最难忘的，以后即使有千千万万的灯火，也改变不了这个印象。能在关键时刻帮一把的朋友，才是最重要、最值得交往的朋友。

宽人严己才能让友情长久

在日常生活和工作中，我们总要和朋友相处并发生各种关系，总不可避免地产生这样或那样的矛盾。在这种情况下，究竟应当采取什么样的态度呢?

牛津大学社会学教授西蒙尼认为：在与朋友交往时，对自己要严格，对他人要宽容，这样才能成为一个品德良好的人。

“严于律己，宽以待人”，是每一个德行高尚者的做人原则。对己严，是使自己不断进步的秘诀；对人宽，是赢得他人之心的法宝。

一个人在社会生活中如果受到了别人不礼貌的待遇，他首先要“反躬”自问，检查自己在处理问题时，是不是有什么不妥当的地方。如果自己有不对的地方，就应当坚决改正；如果自己并没有不对的地方，也就不要再去同这种人计较了。

就严格要求自己来说，有三个方面的问题值得我们注意：

第一，在日常生活和工作中，当和朋友发生利益关系时，应当自觉地关心和照顾他人的利益，一旦发生矛盾，要主动地替别人多想一些，“宽以待人”，宁愿自己吃亏一点。

第二，在同朋友相处时，要力求做到“施恩莫记，受惠必报”，这也是一个重要的传统美德。一个人，凡有施惠于他人、给朋友以好处的事，不要记在心上，甚至应当把它忘掉，因为忘掉了对朋友所施的恩惠，才不会老想着让朋友来报答自己，或对朋友存着抱怨的情绪。反过来，凡是受到了朋友的恩惠，得到了别人的好处，就一定要想尽办法，加以报答，甚至要更多地、成倍地加以报答。

第三，在同朋友的交往中，时时都要有一种“设身处地”的思想，来理解朋友、体贴朋友。在和朋友相处时，要拿自己作参考，推己及人，从而达到更好地关心朋友的目的。当自己有困难或遭到不幸时，总是希望能得到朋友的帮助，因而，在朋友遭到困难和不幸时，自己就应当主动地去关心他。一味地责怪朋友不关心自己而却不知道关心朋友的人，是永远也不会处理好人际关系的。

对己严、对人宽既是一种待人接物的态度，也是一种高尚的道德品质，它能够化解人和人之间的许多矛盾，增强人和人之间的友好情感，有利于我们所从事的事业的共同发展。同时，一个人如果能够养成对己严、对人宽的优良品德，就一定可以在同他人的相处中，严格要求自己，宽厚地善待他人，不断提高自己的思想境界，使自己成为一个道德高尚的人。

一个我行我素的人，是难以在某一领域取得突破的。因此，必须要约束自己，制约自己。严于律己的人，就会发展自己；会发展自己的人，也会严于律己。

严于律己是一种强制行为，它不仅表现在对精力的运筹上，还表现在对时间的调度上；不仅表现于对其他专业兴趣的控制上，也表现于对娱乐活动、应酬方面的限制。

平时的付出才能换来急时的援手

如果“平时不烧香”，等到需要时才“临时抱佛脚”，尽管你追得很紧，下的功夫很大，人家也可能一口回绝你的请求。只有平时关系搞好了，到需要时才会有求必应。

与朋友建立“关系”最基本的原则就是：不要与朋友失去联络。不要等到需要获得别人帮助时才想到别人。“关系”就像一把刀，常常磨才不会生锈。

你有没有这样的体会：当你遇到某种困难，想找个朋友帮你解决时，却突然想起来，过去有许多时候，本来应该去看他的，结果你没有去，现在有求于人家就去找，会不会太唐突了？会不会遭到他的拒绝？在这种情形之下，你免不了要后悔“平时不烧香”了。

有这样一则寓言：

黄蜂与鹧鸪因为口渴得很，就找农夫要水喝，并答应付给农夫丰厚的回报。鹧鸪向农夫许诺它可以替葡萄树松土，让葡萄长得更好，结出更多的果实；黄蜂则表示它能替农夫看守葡萄园，一旦有人来偷，它就用毒针去刺。农夫并不感兴趣，对黄蜂和鹧鸪说：“你们没有口渴时怎么没想到要替我做事呢？”

这个寓言告诉我们这样一个道理：平时不注意与人方便，等到有求于人时，再提出替人出力，未免太迟了。

中国人讽刺临事用人的做法，最简练的话就是“平时不烧香，临时抱佛脚”。俗话说得好：“平时多烧香，急时有人帮。”真正善于利用关系的人都有长远的眼光，早做准备，未雨绸缪。这样，在急时就会得到意想不到的帮助。

因此，主动与朋友联系十分重要。试着每天打 5 个 ~ 10 个电话，不但能扩大自己的交际范围，还能维系旧情谊。如果一天打通 10 个电话，一星期就有 50 个，一个月下来，便可达到 200 个。这样一来，你的人际网络每个月大概都可多十几个“有力人士”为你打通关节。

法国有一本《小政治家必备》的书，书中教导那些有心在仕途上有所作为的人，必须起码搜集 20 个将来最有可能做总理的人的资料，并把它背得烂熟，然后有规律地去拜访这些人，和他们保持较好的朋友关系，这样，当这些人之中的任何一个人当总理时，自然会为你的仕途铺开一条坦途。

现代人生活忙忙碌碌，没有时间进行过多的应酬，日子一长许多原本牢靠的关系就会变得松懈，朋友之间逐渐互相淡漠，这是很可惜的。所以，一定要珍惜与朋友之间的友谊，即使再忙，也别忘了沟通感情。

很多人都有忽视“感情投资”的毛病，一旦交上某个朋友，就不再去培育和发展双方之间的感情，长此以往，两个人的关系自然就淡薄了，最后甚至变成陌路人了。

可见，“感情投资”应该是经常性的，不可时有时无，要做到常联系、常沟通，有需要时才能用得着、靠得上。

朋友之间互相联系的方法有很多，“礼尚往来”、“交流”等，其中最普遍、最有人情味的一种是有空常去坐坐。

人们在礼仪性的道别时，总不忘加一句“有空来玩”，不论这是不是一句发自肺腑的言语，听后都让人感到温情四溢，自己似乎可以从中体会到我是被人们接受的，是受人欢迎的人。

在朋友之间，也需要这样的方式来建立良好的人际圈。

事实上，我们所做的并不多，只是有时间有心地去朋友家走一走，也许只是随意地寒暄几句，也许进行一次长谈，总之，我们在努力加深对方对自己的印象，让彼此之间越来越熟悉，关系越来越融洽。

如果你想多结交一些朋友，你就需要主动地了解对方的兴趣爱好。你可以通过多种方式得到他们这些方面的信息。比如：平时相处时多观察了解，向他的朋友打听询问，或者查阅他的个人资料等。

人与人交往中会出现一些交际的好机会。多一些有益的朋友，会有机会转变你的一生。

"独木难支大厦"，朋友在关键时候帮你一把，可能会直接促成你事业的成功。所以，要时刻注意能结交朋友的好机会。

比如，朋友请你去参加一个生日聚会、舞会或者其他活动，你不要因为自己手头事忙，一时懒得动身而拒绝，因为这些场合是你结交新朋友的好机会。又如，新同事约你出去逛逛商店或者看场电影什么的，你最好也不要随便拒绝，因为这是发展关系的好机会。

结交朋友不仅要把握机遇，同时还要创造机遇。

如果你想和刚认识的朋友进一步发展关系，你可以请他们到你家做客，你也可以花费心思寻找机会跟他多接触。人与人之间接触越多，彼此间的距离就可能越近。这跟我们平时看东西一样，看的次数越多，越容易产生好感，就像我们在广播或电视中反复听、反复看到的广告，久而久之也会在我们心目中留下印象一样。所以，交际中的一条重要规则就是：找机会多和别人接触。

一旦和别人取得联系，建立初步联系之后，要设法进一步巩固和发展。交际中往往会有直接和间接两种目的，直接的无非就是想达到某项交易或有利于事情的解决，或想得到别人某些方面的指导。如果并不是为了解决某个问题，或者不是为了某种利益关系，只是为了和对方加深关系，增进了解，以使你们的朋友关系长期保存下来，这可以被看做是间接目的，这种间接目的可以使你的人生更丰富，更有价值。

如果能保持无事相求时也能轻松地相互联络关系，才是最理想的状态。真正可以亲密往来的朋友，越是无事相求时越能尽情地交往；反之，遇上有事相托时，即便三言两语，彼此也能明白对方想说的话。此时，对方会尽己所能来帮助你。

为难之时更显朋友真情

一个人陷入困境时，最需要别人的帮助。如果你有能力去帮助他，那就去行动吧。有爱的人生才是充实的人生，幸福的人生。

如果他人发生困难，应当伸出你的援助之手，帮助他人解决问题，摆脱痛苦。因为这时候，是对方最需要帮助的时候，如果你帮助了他，他会非常感激你的。

有一天，大哲学家西多斐尔出门时，碰见了他的一个好朋友安特尔太太。他看见安特尔太太正在伤心地哭泣。

西多斐尔走过去向安特尔太太问好："你好，安特尔太太，你看上去不是很高兴！"

安特尔太太抬头看见西多斐尔，说："你好，西多斐尔。"

西多斐尔说："你有什么难事吗？我能为你效劳吗？"

安特尔太太说："我们家出现了贵族家庭常出现的问题，我真的很伤心，我无法改变这一切。"

于是西多斐尔讲了一些贵族妇女的故事来安慰她说："亲爱的安特尔太太，请你不要忘了玛丽·斯图阿德，她一直诚心地爱着一个音乐家，一位嗓子很好的男中音。她丈夫当着她的面把音乐家杀了，然后丈夫被关了18年牢，最后又被送上了断头台。你想想她多么可悲呀！"

可是，安特尔太太的情绪还是没有好，仍然一味想着自己的悲痛。

西多斐尔接着说道："让我们再听一个女王的悲惨故事吧！就在她年轻的时候便被人篡位，后来孤独地死在一个荒岛上了。"

安特尔太太说："这些事我全知道，她们是很悲惨，但你为什么不许我想到我的苦难呢？"

西多斐尔说："因为那是不应该想的，因为那些名门贵妇都受过那么大的罪，你别再灰心绝望了。你得想想埃居勃，想想尼奥勃。"

安特尔太太说："谢谢你，西多斐尔，听了你的话我好高兴，最起码在这个世上还有你这样一个朋友来安慰我，我比她们要幸福得多，你放心，我会调节好自己的心情的。"

此后，西多斐尔经常陪安特尔太太聊天，使她开心。

但不久，这样悲惨的事降临到了他的身上，他的儿子不幸死了，他痛不欲生。这回轮到安特尔太太安慰他了。她找所有的帝王死了儿子的故事给他讲，并时常说一些笑话给西多斐尔听，使西多斐尔很快地忘却了伤悲。

这样，两个人的心情都得到了愉快。

在他人需要帮助的时候，你把你的爱心和关心献给他，同时，在你需要他的时候，他也会伸出援助之手。

冷庙烧香不要吝啬你的付出

同样的烧一炷香，冷庙的神会认为这是天大的人情，日后有事去求他，他自然特别照应。如果有一天风水转变，冷庙成了热庙，神对你还是会特别看待，不把你当成趋炎附势之辈。

俗话说："平时不烧香，临时抱佛脚。"其实不只是庙有冷热之分，人又何尝不是呢？一个人是否能发达，要靠机遇。你的朋友当中，有没有怀才不遇的人，如果有，这个朋友就是冷庙。你应该与热庙一样看待，时常去烧烧香，逢到佳节，送些礼物。为求实惠，有时甚至可以送些钱，请他自己买些实用的东西。这是他欠的人情债，人情债越欠越多，他想还的心越迫切。所以日后他否极泰来时，第一要还的人情债当然是你。他有清偿的能力时，即使你不去请求，他也会自动还你。

有的人能力虽然很平庸，然而因一时命运通达，也会成为不可一世的人物。人在得意的时候，一切就看得很平常，很容易，这是因为自负的缘故。如果你的境遇地位与他相差不多，交往当然无所谓得失。但如果你的境遇地位不及他，往来多时，反而会有趋炎附势的错觉。即使你极力结识，多方效劳，在对方看来也很平常，彼此感情不会有多少增进。一旦对方转入逆境，以前友好，今则相逢不相识；以前车水马龙，今则门可罗雀；以前一言九鼎，今则哀告不灵；以前无往不利，今则处处不顺。他的繁华梦醒了，对人的认识也比较清楚了。

如果你认为对方是个英雄，就该及早结识，多多交往。或者乘机进以忠告，指出其所有的缺失，勉励其改过从善。如果自己有能力，更应给予适当的协助，甚至施予物质上的救济。而物质上的救济，不要等他开口，随时采取主动。有时对方很急需，又不肯对你明言，或故意表示无此需求，你如果知情，更应尽力帮忙，并且不能有丝毫得意的样子，一面使他感觉受之有愧，一面又使他有知己之感。寸金之遇，一饭之恩，可以使他终生铭记。日后如有所需，他必奋身图报。即使你无所需，他一朝否极泰来，也绝不会忘了你这个知己。

俗话说："在家靠父母，出外靠朋友。"每个人生活在社会上，都要靠朋友的帮助。但平时礼尚往来，相见甚欢，甚至婚丧喜庆、应酬饮宴，几乎所有的朋友都平等。而一朝势弱，门可罗雀，能不落井下石、趁火打劫就不错了，还敢期望谁雪中送炭、仗义相助呢?

"人情冷暖，世态炎凉。"趁自己有能力时，多结识些潦倒英雄，使之能为己而用，这样的发展才会无穷。

对朋友的投资，最忌讳的是讲近利，因为这样就成了一种买卖，说难听点更是一种贿赂。如果对方是讲骨气之人，更会感到不高兴，即使勉强接受，并不以为然。日后就算回报，也只是半斤还八两，没什么好处可言。

平时不屑往冷庙上香，临到头再来抱佛脚也来不及了。一般人总以为冷庙的菩萨不灵，所以才成为冷庙。其实英雄落难，壮士潦倒，都是常见的事。只要一朝风云际会，仍是会一飞冲天、一鸣惊人的。

从现在起，多注意一下你周围的朋友，若有值得上香的冷庙，千万别错过了才好。

以德报怨，朋友遍天下

以德报怨，就是以恩德来报答别人曾给予自己的怨恨。显然，没有与人为善的愿望，没有博大的胸怀和宽宏的气度，是很难做到这一点的。

中华民族具有高尚的传统美德。不计前嫌，克己让人，以德报怨，自古以来就是中国人在处理人际关系时常常采用的一种方式。

《史记·齐太公世家》记载，在齐桓公成为齐国国君之前，齐国的公子纠曾同他争夺君位。管仲为了帮助公子纠，射过齐桓公一箭，幸好射在了衣带的钩子上，不然齐桓公就没命了。然而，齐桓公当上国君后，不仅没有报这一箭之仇，反而委管仲以相国之重任。在管仲的全力辅佐下，齐国日益强盛，齐桓公成为春秋时期的第一个霸主。

读过《三国演义》的人大概都记得，孙权伐黄祖时，孙权部将凌操被黄祖部将甘宁用箭射死。不久甘宁归附孙权，为东吴屡立战功，但凌操之子凌统，为报杀父之仇，每遇甘宁都要与之拼命。后来凌统在与曹操部将乐进交战时，被坐骑掀翻在地，就在乐进持枪欲刺时，甘宁一箭射中乐进，救下凌统。凌统深受感动，顿首拜谢甘宁。

齐桓公、甘宁的做法收到了化消极为积极、化冲突为和睦、化对手为朋友的功效。这就是以德报怨而产生的积极效果。

上述以德报怨的善行义举，给了我们非常有益的启示，对我们正确处理人际间的矛盾和纠纷，有着很好的借鉴作用。

按照正常人的思维方式，人都有些自知之明，对自己所作所为的是与非，心里多少是清楚的，因此在对不起他人的地方，难免心存愧疚之意。一旦出乎意料地得到对方的原谅，甚至得到对方真诚的关心和帮助，一般说来都会生发出由衷的愧悔和感激之情，进而心悦诚服地改正自己的过失。所以说，显示了高度涵养的以德报怨，是超越个人之间恩恩怨怨，协调和处理好人际关系的最佳方式之一。

今天，人与人之间并无根本的利害冲突。至于在学习、工作和生活中接触多了，出现一些误会、摩擦和分歧，发生这样或那样的不愉快，是免不了的事情。可是有人却容忍不下，计得失、算恩怨，针尖对麦芒，以眼还眼，以牙还牙，以怨报怨，导致矛盾激化，关系紧张，双方都捆绑在无休止的争斗战车上。

生活当中的许多事实表明，容人之过，谅人之失，以德报怨，是形成良好的人际关系的润滑剂。

曾有过这样一件事：

一位农民的庄稼被邻人的牛踩坏了，这位农民捉到牛后把它牵到阴凉处喂以水草，在牛卧倒休息时还为它驱赶蚊蝇。邻人见后惭愧不已，一再道歉、致谢，并主动赔偿损失。

试想，要是这位农民为出一时之气而把牛打一顿，结果将会如何呢？很可能惹出新的纠纷，甚至就此结下仇怨。可见，以德报怨，怨恨自消；以怨报怨，积怨益深。

然而，我们提倡以德报怨，是指原谅并适度厚待那些一时触犯、伤害过自己的人，而绝不是姑息纵容坏人、恶人。对那些以坑人为快的小人应该批评教育；对为非作歹而又不思悔改的恶棍，要绳之以法，使其罪有应得。

中国有句俗话说：“冤家宜解不宜结。”许多人从亲身经历中体会到：多一个朋友多一条路，少一个仇人少一堵墙。以德报怨，化怨恨为友爱，减少对立面，广交天下友，将有助于我们创造一个和谐融洽的环境和氛围，以开辟通向事业成功的宽阔的人生之路，使我们活得轻松愉快，活得充实而有意义。

以诚信换取信任

诚信换来信任，这是一笔财富。一个人，若在日常生活中一贯坚持诚信原则，别人就不会对他产生怀疑，他对自己也会充满自信。讲求诚信，这是做人的道理。

古时候，有两位书生在赴京赶考途中相遇，一见如故。不巧，甲书生突然病倒，乙书生就留下来照顾他。眼看考期临近，甲书生担心乙书生误了考期，劝他赶快上路。乙书生不肯，说："舍弃朋友而追名逐利，非君子之所为也。"于是，乙书生继续在病榻前服侍甲书生，端汤送水，煎药喂饭，无微不至。及至病愈，考期已过，甲书生深受感动，相约明年端午节请乙书生务必到家中一聚，乙书生慨然应许，不见不散。第二年五月初五，甲书生杀猪宰羊，备下盛宴，专等乙书生的到来。可是从早晨等到晚上也没见乙书生的影儿，不免失望。这天夜里，甲书生忽见乙书生大汗淋漓而至，说："兄长，实在对不起，因琐事繁杂，竟忘了约定，突然想起已迟了，无论如何赶不到兄长处。听说鬼魂行路极快，就自尽化作一缕幽魂来见兄长，幸好如期而至，没有负约。"甲书生听罢大惊，继而大哭，心想，兄弟已死，从此阴阳相隔，活着还有什么意思？心一横，也自杀身亡，与乙书生相聚去了。

这个故事可谓感人心魄。为了实践一个约定——这在今天看来毫无法律效力的口头约定，宁可舍弃生命而决不食言，可见古人把诚信看得何等神圣，神圣得令“万能”的金钱也黯然失色。

胡雪岩说：“做人总要讲宗旨，更要讲信用，说一句算一句。”正是由于胡雪岩的信誉使他从众多的创业者当中脱颖而出。由此可见信誉在商界的重要性。

多米诺皮是一家知名的大公司，它对客户有一个承诺：在30分钟之内，将客户订购的货物送到任何指定地点。

要实现这个承诺，非常不容易，但多米诺皮公司忠实地履行着自己的承诺，多年来一直没有出过什么岔子。这固然依赖于公司超强的运输能力和当地便利的交通条件，更与公司上下重誉守信的作风是分不开的。他们为了实现承诺，总是全力以赴，即使付出代价也在所不惜。

有一次，一辆多米诺皮公司的运货车在半路抛锚，上面有几百千克客户订购的生面团，眼看无法及时赶到目的地，便打电话通知了公司。但是，即使公司重新派车，也无法在30分钟之内将生面团送到客户手中。

多米诺皮公司总裁弗尔塞克得知这一情况后，当即决定：租架直升机运送这几百千克生面团，以确保“30分钟之内”承诺的落实。

当这架直升机如期抵达客户门前时，客户对多米诺皮公司一丝不苟的作风佩服得五体投地。

事后，有人问弗尔塞克总裁：“为了运送几百千克生面团值得租一架飞机吗？它的总价值还不及运费的1/10呢！”

弗尔塞克说：“飞机为我们送去的不是几百千克生面团，而是多米诺皮公司的信誉——是比我们生命更重要的信誉！”

由此可见信誉的宝贵。随时随地强化你的信用，这是对商人衷心的劝诫，也是为人处世的准则。要获得人们的信任，不但需要人格方面的基础，还需要实际的行动。人们不会无缘无故地信任你的人格，你只有通过一个又一个实际行为的展示，才能被人发现，才能形成众人的口碑。

一个人，若在日常生活中一贯坚持诚信的原则，别人就不会对他产生怀疑，他对自己也充满自信。与那些没有信用的人相比，一个诚实守信的人力量更大，对自己的行为更有把握。

所以说，诚信换来信任，这是一笔财富。生活中的每一个人千万不要有意无意地丢弃了它。

PART 04 第四章

舍得诠释人生智慧

SHE DE QUAN SHI REN SHENG ZHI HUI

会生活的人或成功的人，最懂得的就是“舍得”。“舍得”几乎囊括了人生所有的真知妙理，只要我们能真正把握舍得的尺度，便掌握了人生成功的钥匙。

舍得是人生大智慧

舍得舍得，大舍大得，以舍为得。“舍”与“得”之间关系密切，即“舍”是因，“得”是果。舍不得“舍”，就不可能有所“得”；要想有所“得”，就得付出，得奉献，得舍得“舍”。不付出、不奉献、不愿意“舍”，而企求“得”，那是投机取巧，是不劳而获。而任何方式的投机取巧和不劳而获，最终是要受到道德、良心甚至法律的惩罚的。

舍弃是一种智慧，也是一种境界，懂得舍弃的人往往会有大收获。

“得”建立在“舍”的基础之上，但“得”的获取还与多种因素有关。有“舍”并不一定有“得”，而不“舍”则一定不会有“得”。如参加奥运会的运动员都曾进行过长时间高强度的训练，所在国家或地区亦曾为他们花过不少钱，都有所“舍”，但赛场上奖牌只有三枚，冠军只有一个，绝大多数人与奥运冠军甚至与奖牌无缘；但如果不进行长时间高强度的训练，舍不得“舍”，则肯定拿不到奖牌，更不可能拿到金牌。

过去，有一个人家里老鼠成灾，主人就找了一只猫回来捕鼠。这只猫很会捕鼠，但是也咬鸡。一段时间后，主人家的老鼠没有了，同时鸡也差点儿全被咬死了。于是，儿子对父亲说：“我们为什么还要留着一只专爱咬鸡的猫在家呢？”父亲告诉儿子：“这里面有这样一个道理，老鼠不但偷吃我们的粮食，而且还咬坏我们的衣服，如此横行下去，我们就会挨饿受冻；没有了鸡，我们只是暂时吃不上鸡肉罢了，但是比较一下，这和挨饿受冻又差着一大截，我们为什么要赶走猫呢？”

要想过上不挨饿受冻的日子，就必须养猫舍鸡，付出代价才能有收获。这就是要想得之，必先舍之。可是，世人常常只想得之，不想舍之。只想得，不想舍，贪得无厌，最后的结果是失去更多。舍是得的前提，敢大舍的人才能大得。

生活在五彩缤纷、充满诱惑的世界上，每一个心智正常的人都会有理想、憧憬和追求。然而，过分的急功近利则是一种不健康的心态。历史和现实生活都告诉我们：必须学会放弃！有些时候，你若敢于放弃，也许就会重新得到更多。

“舍”也是一个种智慧，舍得有道，就会柳暗花明，再展宏图。班超投笔从戎、鲁迅弃医从文，都是“改换门庭”后大放异彩的楷模。可见，如果能审时度势、扬长避短、把握时机，就不妨勇敢地放弃。放弃既是一种理性的表现，也不失为一种豁达之举。

有时候，如果我们只抓住自己的东西不放，就很难接受别人的东西。特别是在现代社会，人变得越来越贪，有些人什么都不愿放弃，结果却什么也得不到。

有所失，才会有所得。

对于高人来说，放弃不是失败，是智慧。

学会放弃，是放弃那些不切实际的幻想和难以实现的目标，而不是放弃为之奋斗的过程和努力；是放弃那些毫无意义的拼争和没有价值的索取，而不是放弃奋斗的动力和生命的活力；是放弃那些对金钱、地位的搏杀和奢侈生活的追求，而不是放弃对美好生活的向往和追求。

拉特尔的放弃就证明了这个观点。

德国柏林爱乐乐团素有“世界第一交响乐团”之美誉，它的历届首席指挥如F. 维尔纳、J. 利比切克、A. 尼基什、W. 富特文格勒和H. 卡拉扬等人，都曾经被时人称赞为“世界第一指挥”。因而，能够成为柏林爱乐乐团的首席指挥，成为每个指挥家的最高梦想。

然而，在1999年，当柏林爱乐乐团的乐师们投票推选英国著名指挥家西蒙·拉特尔担任首席指挥时，拉特尔却出人意料地拒绝了。对于拉特尔的放弃，许多人感到不可思议。拉特尔解释道：“柏林爱乐乐团以演奏古典音乐闻名于世，但是我对古典音乐的理解还不够透彻。如果我担任首席指挥，恐怕非但不能带领柏林爱乐乐团迈上一个新台阶，反而会起到副作用。机会虽然好，但是我没有能力把握，所以还是放弃为好。”

不过，这绝不意味着拉特尔不想担任柏林爱乐乐团的首席指挥——他和所有的指挥家一样，对柏林爱乐乐团首席指挥一职梦寐以求。为此，拉特尔不懈努力，直到他对古典音乐的透彻理解再一次震撼了世人，直到他对古典音乐的精湛指挥一次又一次地令听众为之倾倒。2009年柏林爱乐乐团再次向他抛出了橄榄枝，这一次，拉特尔没有丝毫犹豫，当即接受了邀请，因为他知道，现在的他已经具备了担任首席指挥的实力。事实证明，拉特尔加盟后，柏林爱乐乐团创造了演奏史上一个又一个的奇迹。

拉特尔的放弃，恰到好处地为我们诠释了“敢于舍弃，海阔天空”的哲理。所以，在面临取舍时，无论任何你希望得到、需要得到的东西，只要客观条件不成熟、主观上没有把握，那么就必须暂时放弃。然后通过务实的途径去追求事物的本质，最终成就自己真实的高度。

在某个特定的时刻，你只有敢于舍弃，才有机会获得更长远的利益。即使遭受难以避免的挫折，你也要选择最佳的失败方式。

在许多年前的一次国际象棋比赛中，一个名为法兰克·马歇尔的棋手走了一招被赞誉为“最美妙一招”的棋。在那重要的一局中，他与对手——一位俄国大师——势均力敌。马歇尔的“王后”受到围困，但要杀出重围，仍是有几个办法可想的。由于王后是最重要的进攻棋子，观战的人都以为马歇尔会依常规，把王后走到安全的地方。

马歇尔对着棋局苦思，时间到了，他拿起王后，略一停顿，随即下在最不合常理的方格内——在那里，敌方有三枚棋子可以把王后吃掉。

马歇尔在紧要关头放弃王后，太不可思议了，观棋的人和马歇尔的对手都吃了一惊。

接着，俄国棋手和其他的人都恍然大悟，明白了马歇尔走的是极高明的一招。不论对方用哪个子吃王后，都会立陷颓势。俄国棋手看出自己败局已定，只好认输。

马歇尔以大胆罕见的招数赢了对手，牺牲王后，赢了棋局。

一个棋手是否赢了一场比赛并不重要，甚至他的弃后妙招也不重要，重要的是他能够抛开传统的想法去考虑这一招。他不囿于传统方式，愿意根据自己的判断，并凭自己的判断，走出这一险招，不管棋局结果如何，马歇尔都是真正的胜利者。

总之，以舍为得，妙用无穷。我们要学习“舍”的性格，金钱物质、知识技能，能将其舍给别人，你也必然会得到它们。当我们把烦恼、悲伤、妄想都舍了，自然就会得到人生另外的一番新境界。

把握舍得，给人生一个方向

在以财富水平为衡量成功与否的主要因素的当下，大概很多人不止一次地想过，假如我买彩票中奖了该怎么花？甚至还有一首歌唱道：等我有钱了，买两碗豆浆，喝一碗倒一碗；等我有钱了，买两幢房子，住一套租一套……

英国的卡尔·普兰斯大叔就遇到了这种“好事”。卡尔·普兰斯是一名普通的英国火车司机，和所有的工薪族一样，卡尔大叔每天早上5点就得准时起床，匆匆扒拉几口早餐后，赶往自己的铁路公司工作。为此，他能够获得600英镑的周工资，这是他养家糊口的钱。他已经这样工作了整整30年，就像一架机器，日复一日、朝五晚九地奔驰在自己的轨道上。如果不是天上掉下的馅饼砸中了他，卡尔大叔可能就这样一直工作下去，直到退休。一次，他和家人去度假，顺手购买了一张彩票，没想到幸运之神突然降临，他们中了690万英镑的大奖！

他首先辞掉了火车司机的工作，卡尔大叔再也不需要为了那区区600英镑而起早贪黑了。然后，他将自己住的那套三居室的房子送给了女儿，又帮助两个儿子还清了住房抵押贷款。富裕起来的卡尔大叔拿出6.4万英镑，在海边买了一幢活动住房。住在海边，每天看海上日出，这就是卡尔大叔儿时的梦想。

紧接着，和大多数富人一样，曾经的火车司机卡尔大叔想到了周游世界。

以前，他只能在大不列颠的土地上驾驶火车奔驰；今天，他要乘着别人开的飞机、火车和轮船，到全球各个角落去度假。希腊、大加那利岛、特内里费和西班牙，很快都留下了卡尔大叔和卡尔大婶快乐的身影。巴黎、罗马、纽约、东京、北京、马尔代夫群岛、地中海……这些著名的景点，都张开了热情的怀抱等待着卡尔大叔和卡尔大婶。

然而让人意想不到的是，卡尔大叔在去过几个地方之后开始厌倦了旅行生活，后悔自己辞去了安稳的火车司机的工作。于是卡尔大叔向原来的铁路公司递交了申请报告，他的申请很快获得了许可，他又回到了自己工作了30年的铁路公司。

这个决定让很多人百思不得其解。当卡尔大叔回到铁路公司以后，公司发言人的话给了我们提示：一旦工作融入员工们的血液，他们会甘愿“留在正确的轨道上”。卡尔大叔在火车司机的岗位上工作了30年，他熟悉自己的岗位，也习惯了日复一日、年复一年在这个岗位上安身立命。有这样一份工作，他知道自己每天要做什么、可以做什么。突然中的690万英镑虽然短暂地满足了他的儿时梦想和一些基本生活需求，但是当这些需求得到满足、这些梦想逐一实现之后，卡尔大叔失去了方向，他觉得自己每天的旅行漫无目的，在旅行中他无法找到自己被社会需要的感觉，换言之，就是他觉得自己失去了人生的目标，他脱离了原来的轨道之后不仅没有适应，而且也觉得新的生活方式不适合自己。

所以，卡尔大叔做出了这个让人费解的决定。而在他重新回到工作岗位之后，卡尔大叔重新充实起来。中奖所获得的奖金则可以让他较为自由地调节自己的生活节奏。

卡尔大叔的选择其实是对鱼和水这个寓言的现实阐释。离开了水的鱼很难成活。因为鱼所有的身体构造和功能只有在水里可以实现，只有在水里鱼才能成为鱼。正如游山玩水的卡尔大叔没有了每天生活的环境之后如此怀念原来的生活一样。在自己熟悉的工作岗位上，卡尔大叔觉得自己活得安心踏实。所以卡尔大叔舍去了很多人羡慕的“中奖生活”，而坚定幸福地留在了正确的轨道上。

世间万物，凡有所舍就能有所得；凡舍不得“舍”，一毛不拔者，往往会损失更多。弘一法师说：“无论做什么事情，都不要想着占便宜。便宜，天下人都争相拥有。如果我一个人占便宜，则他人皆与我结怨；我不占便宜，则别人对我的怨气便消除了。”

会生活的人或成功的人，最懂得的就是“舍得”。“舍得”几乎囊括了人生所有的真知妙理，只要我们能真正把握舍得的尺度，便掌握了人生成功的钥匙。

拥有多少不是幸福的关键

哈佛一项持续6个月的调查发现，学生正面临普遍的心理健康危机。调查称：过去的一年中，有80%的哈佛学生至少有过一次感到非常沮丧、消沉。47%的学生至少有过一次因为太沮丧而无法正常做事，10%的学生称他们曾经考虑过自杀……

而说到自杀，我们就不得不提到韩国了。2008年崔真实在家自缢身亡引起了韩国全社会的关注。崔真实是韩国的著名演员，因为牵扯进了一桩高利贷事件而承受不住压力最终走上了绝路。2009年，韩国前总统卢武铉被发现跳崖身亡。从演员到总统，都选择了同样的生命轨迹。韩国在最新的统计中已成为全球自杀率最高的国家。

"人们衡量商业成就时，标准是钱。用钱去评估资产和债务、利润和亏损，所有与钱无关的都不会被考虑进去，金钱是最高的财富。但是我认为，人生与商业一样，也有赢利和亏损。具体地说，在看待自己的生命时，可以把负面情绪当做支出，把正面情绪当做收入。当正面情绪多于负面情绪时，我们在幸福这一'至高财富'上就盈利了。长期的抑郁，可以被看成是一种'情感破产'。整个社会，也有可能面临这种问题，如果个体的问题不断增长，焦虑和压力的问题越来越多，社会就正在走向幸福的'大萧条'。"

一项有关"幸福"的研究表明：人的幸福感主要取决于三个因素——遗

传基因、与幸福有关的环境因素以及能够帮助我们获得幸福的行动。而积极的心理学，可以帮助人们活得更快乐、更充实。幸福，是可以通过学习和练习获得的。

我们的很多课程，都在教学生如何更好地思考、更好地阅读、更好地写作，可是为什么就没有人教学生更好地生活呢？把深奥的积极心理学学术成果简约化、实用化，教学生懂得自我帮助，这是本·沙哈尔开设“幸福课”的初衷。

为了更好地记住“幸福课”的要点，本·沙哈尔还为学生简化出10条小贴士：

（1）遵从你内心的热情。选择对你有意义并且能让你快乐的课，不要只是为了轻松地拿一个A而选课，或选你朋友上的课，或是别人认为你应该上的课。

（2）多和朋友们在一起。不要被日常工作缠身，亲密的人际关系，是你幸福感的信号，最有可能为你带来幸福。

（3）学会失败。成功没有捷径，历史上有成就的人总是敢于行动，也会经常失败。不要让对失败的恐惧绊住你尝试新事物的脚步。

（4）接受并直面自己的全部。失望、烦乱、悲伤是人性的一部分。接纳这些，并把它们当成自然之事，允许自己偶尔的失落和伤感。然后问问自己，能做些什么来让自己感觉好过一点。

（5）简化生活。更多并不总代表更好，好事多了也不一定有利。你选了太多的课吗？参加了太多的活动吗？应求精而不在多。

（6）有规律地锻炼。体育运动是你生活中最重要的事情之一。每周只要3次，每次只要30分钟，就能大大改善你的身心健康。

（7）睡眠。虽然有时“熬通宵”是不可避免的，但每天7小时～9小时的睡眠是一笔非常棒的投资。这样，在醒着的时候，你会更有效率、更有创造力，也会更开心。

（8）慷慨。现在，你的钱包里可能没有太多钱，你也没有太多时间，但这并不意味着你无法助人。“给予”和“接受”是一件事的两个面。当我们帮助别人时，我们也在帮助自己；当我们帮助自己时，也是在间接地帮助他人。

（9）勇敢。勇气并不是不恐惧，而是心怀恐惧，却依然向前。

（10）表达感激。生活中，不要把你的家人、朋友、健康、教育等这一切当成理所当然的，它们都是你回味无穷的礼物。记录他人的点滴恩惠，始终保持感恩之心。每天或至少每周一次，请你把它们记下来。

通过上面内容我们可以看出，幸福的10个秘诀中有7个都是关于如何做减法，如何简化自己的要求。这个要求包括对自己的，也包括对他人的。这些秘诀所指向的都是：并不是获得越多，你就越幸福。最重要的是，对自己的现状要有舍有取，接受自己的不足，但更要肯定自己的长处，时时鼓励自己，也常常调节自己。

舍弃抱怨，笑对人生

这是一个关于母爱的故事，母爱的故事成千上万，每一段母爱都是传奇，这段母爱尤为温馨动人。

女儿出生15天时被蚊子咬了一个包，之后就一直发着低烧。夫妻俩觉得不对劲，抱去医院一检查才知道女儿得了脑炎。

幼小的生命被医生抱进了重症监护室，医生直言相告："你女儿的病不容乐观，治好的可能性并不大，也许花再多的钱都无济于事。"她泪雨滂沱地求医生："我不能眼睁睁地看着女儿刚刚来到这个世上就离去，我们一家就是砸锅卖铁也要把她治好。"以后，人们总能看见一位身体虚弱的母亲踮起脚尖把脸贴在重症监护室的窗口上，看着里面可怜的女儿。她一刻也不愿远离监护室，医生不得不提醒正在坐月子的她要小心身体，但她还是不管不顾。令大伙儿奇怪的是，不管女儿哭得多凶，她贴在玻璃窗上的脸都是笑着的。因为害怕女儿在一转眼间就没了，她总想着能听到女儿的哭声，就是一件高兴的事！

经过医生的努力，她女儿的病情得到了控制。但家里的积蓄用完了，还欠了医院不少药费，有好心人劝她："你女儿的病再怎么治也会留下后遗症，花钱是个无底洞。"人们劝她不要白费心机，不如听天由命，趁自己年轻再生一个。

她不是不知道现实的残酷。走出医院，她大哭一场后，又笑了起来。她在心里告诉自己：不管女儿以后是什么样子，自己都要笑着陪在女儿身边。当天，她从亲戚那儿借来3000块钱，为女儿办了出院手续。

和丈夫商量后，她辞了工作，在家专心照顾女儿。一家人的生活全靠丈夫微薄的工资维持，女儿三天两头要跑医院，生活的窘迫可想而知，一家人的一日三餐只能靠咸菜泡饭来对付。可就是这样，人们看见的也总是她那张微笑的脸。

她不厌其烦地教女儿发声，也不管女儿能不能听懂。经常很晚了，邻居还可以听到她一个人在和女儿说话，那声调和节奏就像老师在读课文。而每一天的白天，她都要把女儿抱到屋外，花一样的笑脸从来就没有收敛过。别人觉得她精神不正常，隔壁的邻居甚至不敢接近她。

女儿3岁多才开口说话。慢慢地，除了她脸上那无忧无邪的笑没变，女儿的言谈举止竟然和正常孩子无异，邻里和熟人都为她长吁了一口气，她的笑里，也多了一份轻松。

一晃女儿5岁了，有一天，她带女儿出去玩，一位专为企业拍广告的导演被女儿无邪干净的笑吸引住了。人们看见导演追上她，和她说了很久的话。半个月后，女儿的笑脸出现在了电视上，那无忧无邪、清甜干净的笑令观众过目难忘，一件儿童产品很快就被女儿“笑”火了……就这样，女儿很快成了广告童星，不久，她还出演了几部戏，而在学校里，她的成绩也是名列前茅……

有一次，女儿的老师问她：“你就没有不开心的时候吗？你怎么总是笑得这么甜？”女儿回答老师说：“因为我有个笑妈妈呀。”老师又问：“难道你就没有遇到过不开心的事？”女儿又微笑着答：“我妈妈遇到不开心的事情，也是笑着的呀。”

她去上一档母亲节的节目，忆起艰难时，泪水突然夺眶而出……像是突然意识到了什么，她赶紧揩干眼泪向主持人和现场观众道歉：“实在对不起，我不应该这么失态……不过还好，我知道我女儿这时已经睡着了，她睡觉的时候，比平时笑得还甜。”

这是用笑创造出来的一个奇迹，这个笑让我们看到了母爱的强度和韧度。关于母爱，共同的特性都是牺牲。很多演员在讲述自己表演哭戏的时候，都提到一个最管用的方法：想想自己的父母，尤其是母亲操劳的身影和殷切的嘱咐，每当想起来，泪水便会不由自主地流下来。

上文中的女儿如果没有母亲的坚持，如果没有母亲如此强烈的信念——一定要在任何时候都对女儿笑，我们几乎可以断言这个女儿是没有未来可言的。在最初女儿被诊断出那么严重的病情之后，她做出任何选择都是无可厚非的。然而众多的路，她偏偏选择了最难的那一条。生活给她的回报当然也是最丰厚的：女儿成了无忧无虑、天真无邪的“笑娃娃”。

人生的舍与得其实不是那么明显的。很多人，都只看到了一时，而忽略时间流逝之后选择的价值和意义。而无论什么时候，对生命的珍惜和尊重，不抱怨，不愤怒，不仇恨，微笑着面对每一段体验，我们所获得的都将是奇迹。

圣母抱着圣子耶稣决定降临人间并参观一座修道院。所有的神父都深感自豪，他们排成一列长队，逐个来到圣母面前表示敬意。一位神父朗诵了动听的赞美诗，另一位展示了他为《圣经》所绘制的彩画，第三位念了所有圣徒的名字。就这样，神父们一个接一个地向圣母和圣子表示了敬意。排在队伍最后的是该修道院里最贫穷的一位神父，他从来没有读过那个时代的充满智慧的著作。他的父母都是普通人，在附近的一个马戏团里工作，他们教给他的全部东西就是向空中抛球以及其他一些杂耍。

轮到他的时候，其他神父便想结束这场活动，因为这位老杂耍艺人没有任何要事可讲，可能会损坏修道院的形象。但是在这位老神父的内心深处，同样也有要把自己的某种东西献给耶稣和圣母的强烈渴望。他有些羞愧，因为他感到了同伴们责备的目光。他从口袋里掏出几个橙子，开始把它们抛向空中，玩起了杂耍，这是他唯一会做的事情。恰恰是在这个时候，圣子耶稣笑了，并开始在圣母的怀里鼓起掌来，于是圣母将胳膊伸向老神父，让他摸了一下圣子。

这个老神父幸运地被选中为使者。看起来是神话，单纯的老神父博得了圣母、圣子的欢心。但是，我们不妨比较一下，前面的神父向圣母和圣子所展示的无疑是表演和刻意而为的成分居多，更多的是表现自己的才能。而老神父的抛橙子虽然也是为了展示和表现自己的才能，但是他没有刻意地去伪装自己这一项为其他神父所鄙夷、所不屑的才能，而是大大方方地将其展示出来，反而赢得了圣子的喜欢。圣母和圣子的这一肯定，无疑是对老神父的最大鼓励，它提示我们无论多么微小的才能都不应该被埋没，也不应该被忽视，不要轻易否定自身的长处，哪怕这个长处为世俗所不容。

大多数人都曾抱怨过自己是被上帝咬过一口甚至咬烂了的苹果，觉得自己的人生简直像是抽到了下下签，前途一片黑暗。但是，我们会的东西至少比只会抛球的老神父多，如果机会总是错过你，你需要去想一想，你和他们一样在所有的过程中都曾“不抛弃，不放弃”吗？

在我们整个成长的过程里，谁教过我们怎么去面对痛苦、挫折、失败？它不在我们的家庭教育里，它不在小学、中学、大学的教科书里，它更不在我们的大众传播里。家庭教育、学校教育、社会教育只教我们如何去追求卓越，从砍樱桃树的华盛顿、悬梁刺股的孙敬和苏秦到平地起高楼的比尔·盖茨，都是成功的典范。即使是谈到失败，目的只是要你绝地反攻，再度追求出人头地，譬如越王勾践的卧薪尝胆，洗雪耻辱；譬如那个战败的国王看见蜘蛛如何结网，不屈不挠。我们拼命地学习如何成功冲刺一百米，但是没有人教过我们：你跌倒时，如何跌得有尊严；你的膝盖破得血肉模糊时，如何清洗伤口、如何包扎；你痛得无法忍受时，以什么样的表情去面对别人；你一头栽下时，如何治疗内心淌血的伤口，如何获得心灵深处的平静；心像玻璃一样碎了一地时，你怎么收拾？

我们大多数人一遇到失败肯定就会运用那种原始的、孩子气的思维方式去做出反应。对小孩子来说，一犯错误，一看到要受惩罚，他本能地就会抱怨哥哥和姐姐："是他叫我干的"，甚至还会告密："是他干的。"要是学生学习不好，就会抱怨老师："她总找我的茬儿，挑我的刺。"司机会抱怨车祸是"另一个家伙的错"，丈夫会对着妻子嚷嚷："你干吗总想吵架？"员工也会常常抱怨："公司不重用我。"我们人类的大脑经常遭遇的"迷惑"就是："究竟是'谁'让我这么倒霉？"

大约有一半的失败都源自于习惯性的抱怨，因为我们能从抱怨中寻得安慰，所以对自己的问题视而不见，当然更不会从失败中汲取经验教训。其实，真正的对手就是我们自己。如果有勇气、有智慧、有胆略，坚持自己的选择，并且为之努力，这场仗我们是不会输的。

付出自然会有回报

一位普通的年轻母亲说起过一次朋友来访的经历：

朋友来访的时候正遇上她的丈夫出差，孩子感冒，她忙得不可开交。几天下来，朋友感慨道："看见你这样忙忙碌碌、身不由己，我是不敢要孩子了。看见你一日三餐，洗煮烧煎，比保姆做得还辛苦；看见你冲锋陷阵，又接送孩子上学，又忙工作，几乎变成机器人；看见你深夜两点还不能安歇，要给孩子喂药喂水，像个苦役犯；还看见你的皱纹与眼袋，看见你无穷无尽的付出。女人最好的年华就这样交付掉了，人生还有什么乐趣？你看我，工作时无忧无虑，出游时无牵无挂，多好。"

她笑了，对朋友说："你什么都看见了，可唯独没有看见我的快乐和幸福。"朋友以为她是自欺欺人。她告诉朋友，儿子刚上幼儿园，第一次吃到了鸡翅，才两岁半的他将鸡翅藏在白衬衣的袖子里，晚上带回来要与妈妈分吃。她至今记得，他津津有味地吸吮那半截鸡骨头的馋相。每每想起他衣袖上留下的那片鹅黄油渍，心里就会有一股淡淡的温暖。走在路上，小小的儿子懂得让自己的妈妈走在他的右边。他说："妈妈是近视眼，我是千里眼，我来保护你！"过马路的时候，他会冲着车流大喊："你们通通地快让开，我妈妈要过马路了！"彷佛自己的妈妈是至尊至贵的女王，所有人都得谦恭礼让。母亲，就是孩子心灵国度里最值得敬爱的女王。还有一个中午，儿子很晚还没回来。

后来在外环路上被找到了，这一路，槐花开得纯白如雪，幽香扑鼻，儿子正专心致志地往树干上写字，一棵一棵地写着。他对妈妈说：“今天是母亲节，我没能买到康乃馨，就来到了这里。”花开得那么好，却有人采摘，儿子就用水彩笔写下了这些稚拙的留言：“这是我送给妈妈的花，请让它好好地开，不要摘。”她和儿子一起去医院验血，当医生宣布儿子和她是相同血型的时候，他一下子欢呼起来：“太好了，如果以后妈妈生病需要输血，就可以抽我的了！”听完这些，朋友才看到了她忙碌背后的那些幸福。

如果走在崎岖的小径上，就用崎岖小径的心去欣赏它；如果走在林荫大道上，就从林荫大道的角度去品尝。林荫大道并不优于崎岖小径，一旦真正了解了生命的意义，事物就没有好坏之别。

象棋是中国的发明，其中蕴藏着中国人的人生智慧。高手往往能从大局出发，不争一子之得失，着眼于长远，走一步看三步，甚至更多，有战略布局造势，有策略设圈埋伏；而低手者，只能从局部出发，走一步看一步，无长远之眼光，为争一子之得失往往陷于对手之圈套，损城失地，直至输棋。

眼睛看到的“得”和内心所体会到的“得”很多时候是无法比较的。正如买椟还珠的人，他以为自己获得了精美华丽的包装盒，而不知道自己还掉的那颗珠才是真正价值连城的宝物；刻舟求剑的人以为只要在船上做出标记，他就可以找回自己的剑，而不清楚随着船越行越远，他的剑根本没有找回来的可能了。

就像这位朋友一样，一看到年轻母亲成日的忙碌便得出了结论：这是一个吃力不讨好的活，不但在操劳中失去年轻美貌，失去原本属于自己的时间，甚至都没有了自我。但是她没有看到在母亲终日操劳的背后是以怎样的一份幸福和安慰作为动力。

在这个世界上，舍和得的评判标准到底是怎样的呢？小时候觉得很多是对的东西到了现在却让人十分怀疑，现在的社会好像和小时候不一样了，小的时候看东西，对就是对，错就是错，很容易区分，现在却不明白了。

很多时候，一件事情本身的是是非非其实并不重要，重要的是我们所要达到的目的。顾客和售货员为谁应负责任而争得脸红脖子粗；走了冤枉路的乘客和司机为谁没说清楚而大动干戈，事情越闹越大。该退的货没退成，该节约的时间没节约，双方都憋了一肚子的气。这是何苦呢？有人说，我就要争这个理。是，争一个“理”，的确有一种胜利的感觉，但你想没想到过争得这个理的代价呢？你确定你得到的这个胜利就是你去争理的目的吗？

我们要懂得去欣赏和享受生命中的感动和满足，积少成多才会发现这是一个充盈的过程，而且你可以为此怡然自得。

把握舍得，培养良好心态

有人曾就财富与人的话题提出过这样一个假说：在一个系统内，初始状态有富人也有穷人。然后，我们把系统内的所有财富重新平均分配给系统内的每一个人，结果会怎样？只需要一个小时这样的平均状态就会被打破。比如：有的人拿着分到的钱去下馆子，而有的人用分到的钱去开馆子，一个小时之后，财富就又不平均了。一年以后，也许时间会长一点，五年以后，原来的富人还会是富人，原来的穷人还会是穷人，又回到了初始的状态。

经济学理论最大的特点是不能够做一个完全条件下的模拟试验，但我们身边的每个人和每件事又都在不完全条件下做着检验。上述的假说永远只能是假说，但我们身边点点滴滴的事例都告诉我们这个假说是有一定道理的。

这个假说告诉我们一个人最终是贫穷还是富裕不是因为运气，也不是因为所谓的机遇，而是选择——一种生活方式和价值体系的选择。如果你选择了富人的生活方式，选择了富人的价值体系，你就会成为富人，所以有人说富人是有基因的，也就是说一个人会不会成为有钱人是天生的。这其实有一定的道理，一个人的生活方式和价值体系往往在很早的时候就已经形成了。所谓三岁看大、七岁看老也是这个道理。

我们还可以再提出一个假说：在一个完全公平合理的社会中，一个人拥有财富的多少恰恰代表了他对社会贡献的多少。比如一个人工作了一个月，获得了10000元收入。在公平合理的条件下，这10000元的收入是他工作的报酬，也就是他在过去的一个月中对社会做出了10000元的贡献。在这个月中他又消费了5000元，而一个人消费的过程其实是向社会索取的过程。收入减去消费则是他的节余，而节余恰恰是他对社会的净贡献。所以一个人积累的财富正好是其对社会做的净贡献。

成为富人之后，你将过的是这样一种生活：

生活更加自律。上述假说告诉我们富人意味着付出更多、索取更少。一个人拥有的财富等于他获得的减去他支出的。一个不懂得控制自己欲望的人，一个在生活上缺少自律的人，他对社会的索取就会失去控制，他的支出也将会失去控制，那么再多的财富也会被挥霍一空。

承受更大的风险。投资学告诉我们收益与风险成正比。承担风险是创造财富的基本要素。要成为富人必须创造更多的财富，而要创造出超过常人的财富必须承担超过常人的风险。承担风险的同时也意味着要承受更大的生命的磨难。

承担更大的责任。蜘蛛侠的伯父告诉蜘蛛侠：能力越大意味着责任越大。现代社会财富其实意味着社会资源，拥有更多的财富意味着占有更多的社会资源，也就意味着更大的责任。所以一个人拥有的财富越多也就意味着其对社会的责任越大。

对于选择成为富人的人，你应该明白，选择成为富人绝不意味着你一定会更加开心，也不意味着你一定会更加幸福，或者更加荣耀。而是意味着你将付出更多、承受更多、承担更多。

在我们做出这些经济学上的计算之后，再来看看你成为富人的愿望是否还一如既往地强烈？你看，如何成为富人和如何做富人都并不神秘，这些道理和知识或许还是你耳熟能详的。但是，在看到这些盘算之后，选择成为富人的比例一定会大大减少。

在美国汽车业声名显赫的卢茨先生曾经举过这样一个例子：如果两款新车型让消费者打分，在满分是10分的情况下，一款车得7.5分，另一款得5分，你该投产哪一款呢？做选择的时候要理解数据背后的含义。得5分的车型可能是一半人打了9分和10分，而另一半打了0分和1分，有人狂热喜欢，有人极度厌恶。得7.5分的车型可能是每个人都打了7分或8分，没有人讨厌，但也没有人有激情。卢茨的回答是："在拥挤的市场上，你所需要的正是那些打9分、10分的人。"

成不成为富人从理论上和实践上看来都是你的自由，无论你做出哪种选择，关键是要清楚在你选择了这条路之后，等于你接受了这条路上的所有意料之中和意料之外的好与坏。机会是均等的，在每次得失之中要学会寻找平衡，然后将这些经验用在你可以得9分、10分的人和事上。

进退有据，把握命运

进退是为人处世的技巧，也是一种做人的谋略。人生中处处都会遇到进退两难的境地，这时候究竟是进还是退，在紧要关头，要靠自己来把握。把握得好，人生就会朝好的方面发展，把握得不好，人生可能朝反方向发展，甚至有可能碰钉子。进退之道关键在于权衡利弊，这样就能趋利避害，走向人生的辉煌。

然而，在人生的紧要关头，有些人不知道是该进还是该退。当你处于迷惘的时候，你就要果断选择，在短时间内做出取舍才行，否则，你会失去良机。中国历史上赫赫有名的一代女皇——武则天就是这样，权衡利弊后，果断做出选择，以退为进，起死回生。

武则天 14 岁时被唐太宗召入宫中，被唐太宗称为“媚娘”。

当时，宫中观测天象的大臣纷纷警告唐太宗，说唐王朝将遭“女祸”之乱，有一个女人将取代李姓为唐朝皇帝。种种迹象表明此女人多半姓武，而且已入宫中。唐太宗为子孙后代着想，把武姓的人逐一检点，做了可靠的安置，但对武媚娘，由于爱之刻骨，始终不忍加以处置。唐太宗受方士蒙蔽，大服丹丸，虽一时精神陡长，纵欲尽兴，但过了没多久，便身形枯槁，行将就木了。武媚娘此时风华正茂，一旦太宗离世，便要老死深宫，所以她时时留心另择新枝的机会。恰太子李治见武媚娘貌若天仙，仰羡异常。两人一拍即合，山盟海誓，只等唐太宗撒手，便可仿效比翼鸳鸯了。

当唐太宗自知将要离开人间时，仍不忘如何确保李家江山的长久万代，想让颇有嫌疑的武媚娘跟随自己一同去见阎罗王。临死之前，李治和武媚娘都在他床边，他当着太子李治的面问武媚娘："朕这次患病，一直医治无效，病情日日加重，眼看着是起不来了，你在朕身边已有不少时日，朕实在不忍心撇你而去。你不妨自己想一想，朕死之后，你该如何自处呢？"

武媚娘是冰雪聪明之人，哪还听不出自己身临绝境的危险？

她心里清楚，只要现在能保住性命，就不怕将来没有出头之日。于是她赶紧跪下说："妾蒙圣上隆恩，本该以一死来报答。但圣躬未必即此一病不愈，所以妾才迟迟不敢就死。妾只愿现在就削发出家，吃斋拜佛，到尼姑庵去日日祝圣上长寿，来报效圣上的恩宠。"

唐太宗一听，连声说"好"，并命她即日出宫，"省得朕为你劳心了"。

唐太宗本来是想赐死武媚娘，但毕竟自己很喜欢她，心里多少有些不忍。

现在武媚娘既然提出抛却一切杂念，脱离红尘去当尼姑，那么对于子孙皇位而言，就不会再有什么危害了。

武媚娘拜谢而去。

李治也借机溜了出来，对武媚娘呜咽道："卿竟甘心撇下我吗？"媚娘满脸无奈的忧伤。她回身仰望太子，叹了口气说："主命难违，只好走了。""了"字未毕，已泪如雨下，泣不成声了。太子道："你何必自己说愿意去当尼姑呢？"武媚娘镇定了一下情绪，把自己的担心告诉了李治："我要不主动说出去当尼姑，只有死路一条。留得青山在，不怕没柴烧。只要殿下登基之后，不忘旧情，那么我总会有出头之日……"

太子李治佩服武媚娘的才智，当即解下一个九龙玉佩，送给媚娘作为信物。

太子登基不久，武媚娘很快又被召入宫中。

武则天的聪明之处在于能识别事情的真相，在危难面前能迅速做出决定，并能果断地“退”出，从而保全自己的性命。待风头过去，再果断回宫。后来的事实证明，武则天的决定是正确的。如果她当时不先进尼姑庵，保全一下自己的性命，也许就没有中国历史上赫赫有名的一代女皇了。

世事凶吉，人情欢戚，常有意想不到的反复。失之东隅，或许收之桑榆；得之无益，反而弃之有利。

有这样一个故事：

从前，有位商人和他长大成人的儿子一起出海远行。他们随身带上了满满一箱子珠宝，准备在旅途中卖掉。他们没有向任何人透露过这一秘密。一天，商人偶然听到了水手们在交头接耳。原来，他们已经发现了他的珠宝，并且正在策划着谋害他们父子俩，以掠夺这些珠宝。

商人听了之后吓得要命。他在自己的小屋内踱来踱去，试图想出个摆脱困境的办法。儿子问他出了什么事情，父亲于是把听到的全告诉了他。

“同他们拼了！”年轻人断然道。

“不，”父亲回答说，“他们会制伏我们的！”

“那把珠宝交给他们？”

“也不行。他们还会杀人灭口的。”

过了一会儿，商人怒气冲冲地冲上了甲板。“你这个笨蛋！”他冲儿子喊道，“你从来不听我的忠告！”

“老头子！”儿子也同样大声地说，“你说不出一句中听的话！”

当父子俩开始互相谩骂的时候，水手们好奇地聚集到周围，看着商人冲向他的小屋，拖出了他的珠宝箱。“忘恩负义的家伙！”商人尖叫道，“我宁肯死于贫困，也不会让你继承我的财富！”说完这些话，他打开了珠宝箱，水手们看到这么多的珠宝时都倒吸了一口凉气，而商人又冲向了栏杆，在别人阻拦他之前将他的宝物全都投入了大海。

又过了一会儿，父子俩都目不转睛地注视着那只空箱子，然后两人躺倒在一起，为他们所干的事而哭泣不止。后来，当他们单独一起待在船舱里时，父亲说：“我们只能这样做，孩子，再没有其他的办法可以救我们的命了！”

“是的，”儿子答道，“您这个法子是最好的了。”

轮船驶进了码头后，商人同他的儿子匆匆忙忙地赶到了城市的地方法官那里。他们指控了水手们的海盗行为和犯了企图谋杀罪，法官派人逮捕了那些水手。法官问水手们是否看到商人把他的珠宝投入了大海，水手们都一致说看到过。法官于是判决他们都有罪。法官问道：“什么人会弃掉他一生的积蓄而不顾呢，只有当他面临生命危险时才会这样做吧？”水手们听了羞愧地表示愿意赔偿商人的珠宝，法官因此饶了他们的性命。

故事中这个久经商场磨炼的商人见识确实高人一筹，而这种绝处求生的应变智慧，使他和儿子既保住了命，又使钱财失而复得。

人生在世，有得也有失。你得到了名利，你就会失去做普通人的自由；你得到了巨额财富，你就会失去淡泊的欢愉；你得到了成功，也许就会失去眼前的奋斗目标，从而停滞不前。我们每个人如果能认真地思考一下自己的得与失，就会发现，在得到的过程中也同时在经历着不同程度的失去。

其实，整个人生就是一个得而复失、失而复得的过程。明白了这一点，我们在人生的道路上是进是退，就要权衡利弊，这样就能趋利避害，走向人生的辉煌。

能屈能伸的力量

在动物界，有一种蛰伏行为。蛰伏就是指天气转凉，动物冬眠了，是指部分动物为在特殊环境下生存而采取的潜伏储备的行为。

在许多时候，动物是人类的老师。比如说，人类通过观察动物捕猎的动作，体会到进攻时要注意隐蔽，或装出病态，显示出无能力进攻的样子，来蒙蔽对方。而后在对方毫无警觉和防范之时，突然出击，置敌于死地。不只是在动物界，就是在人类社会也是最厉害的一招狠棋。

动物界的刺猬可以说是能伸能屈的代表了。你看它身处顺境时拱着小脑袋，凭借着满身的硬刺，横冲直撞，当它身处险境时，则缩回脑袋，把自己滚成一个刺球，让敌人无懈可击。

动物都有这样的智慧，以此来保全自身，更何况人呢？每个人都应该学会保护自己，做到能屈能伸，这样才能更长远地发展自己。

19世纪中叶，英国资本主义工业迅速发展，当时有一家公司从事棉纺工业，产品流向世界各地。这引起了日本同行的注意。

这家公司位于一条热闹的大街旁。每到中午，公司职工都到对面唯一的一家餐馆吃午饭。

不久，这家餐馆附近又新开了一家餐馆，餐馆内的管理服务人员清一色的都是日本人。餐馆一开业就十分惹人注意，它的食物不仅价格比英国馆子便宜，而且味道鲜美，服务态度极佳。

那些英国职工慕名前来，渐渐地把就餐重心移向了这家日本餐馆。有时，某些职工没带钱，也可以先赊账，并同样受到热情的招待。久而久之，这家日本餐馆的人缘极好。

几年后的一天，这家餐馆突然倒闭了，理由是出售的饭菜价格低廉、成本高而引起亏损。这家餐馆的经理和堂倌扬言“无钱回国”，并通过那些常来光顾的吃客——一些工程师及高级职员，请他们说情，协助谋求职业，以便筹集路费返回家园。

由于这些高级职员平时受到和堂倌的“特殊照顾”，对他们的遭遇格外同情，因此都极力向公司推荐。起初，公司也相当谨慎，但经不住高级职员的屡次担保，最后不得不松口了。但是规定：所有进厂工作的日本人不许进车间，只许在车间外面做做粗装工，如推筒管、运袋皮、装纱等。只要一到车间门口，就由英国人接管。

经过一个时期的观察，公司管理人员发现这些日本人忠实可靠、干活卖力，并无任何可疑之处，警戒慢慢地消除了。过了一段时间，这些日本人不仅能自由地进入各车间，而且有的还被安排到技术部门工作。

可是，公司里的上上下下做梦也没有想到，这家日本餐馆的全体人员都是日本第一流的纺织专家。他们一边默默工作，一边把英国纺织机的先进设备部件、结构及作用等都牢牢记在心里。

若干年后，日本人声称已积蓄了一笔款子并准备回家。他们顺利地办好了回国护照，起程返回日本，回国后，他们经过几年的艰苦奋斗，设计出一套在当时来说相当先进的纺织机械。从此以后，日本的纺织工业出现了一次大飞跃。

日本人可谓是能屈能伸，他们屈于做一时的粗装工，而后却胜利地达到了自己的目的。

“屈”其实是一种“退”，“退”只是为了换一个角度、换一个方向，或腾出一些空间，好比两车相逢，有时必须自己先退让，才有前进的可能。表面上的退，其实质上是为了更大的进。当正面对战已无取胜可能，而且将耗损自己的实力时，可暂时屈从，保存实力以利再战。

智慧地让步，避免一切无价值的纠缠，不是胆怯，不是懦弱，不是无能，而是一种大度、智慧和勇敢。

妥协是一种明智的让步。我们生活在一个复杂的社会中，各种情况、各种类型的人都可能遇到。当双方相持不下时，最好有一方要主动提出一个折中的办法，在有些情况下，妥协对双方都有利。否则，如果撕破脸皮，双方都有损失。

妥协不是软弱，它是一种智慧的让步。这种让步于人于己都有好处。如果双方都想争强好胜，或者为了争权夺利，互不相让，也许会落得个两败俱伤；相反，妥协反而能实现双赢。

克里斯托弗·雷恩爵士是英国17世纪著名的建筑大师，他一生设计了很多有名的建筑，西敏斯特市的市政大厅就是他的不朽杰作。1688年，雷恩爵士为西敏斯特市设计了这个富丽堂皇的市政厅。当时市长住在二楼，他不懂得建筑的原理，看了设计图之后，非常担心三楼会掉下来，砸到他的办公室。于是，他要求雷恩再加两根石柱作为支撑，加固房子的结构。雷恩很清楚市长的恐惧是杞人忧天，没有什么道理，但是他没有同市长争辩，也没有跟他解释其中的原理，而是按照市长的要求建造了两根石柱，市长为此感激万分，工程也得以顺利进行。

多年以后，人们才发现这两根石柱其实根本没有顶到天花板。这位杰出的建筑师为了满足市长的要求，在他的设计中加了两个并不起实际作用的石柱。他没有跟市长争辩，因为他知道争辩是没有用的，有可能还会激怒市长，使得整个建筑工程无法进行，所有的设计都将前功尽弃。实际上多出来的两个石柱并没有影响到他的设计艺术，相反，当人们看到这两根柱子没有顶到天花板的时候，明白了他的苦心，更加赞赏他了。

有理也要让人三分，只要不是原则问题，就没有必要凡事都争个对错，比个高下，证明自己更聪明、更正确。这其实是没有任何意义的。话有时并不需要多说，行动则更有力得多。在雷恩的设计中，石柱只是一个摆设，是虚假的，但是双方都从中得到了满足。市长可以松一口气，不用担心三楼掉下来砸到自己的办公室，而后世也将会了解雷恩的设计是成功的，加建石柱其实并没有必要。

留一步，让三分，是一种谨慎的做人方法，适当地谦让不仅不会招致危险，反而是寻求安宁的有效方式。生活中，除了原则问题必须坚持外，对于一些小事，对于个人利益，妥协、谦让会带来身心的愉快以及和谐的人际关系。有时，这种“退”即是“进”、“舍”就是“得”。

1502 年，伟大的艺术家米开朗琪罗来到佛罗伦萨，他要用一块别人认为已经无法使用的石头雕出手持弓箭的年轻大卫。他的赞助人是当时的执政官索德里尼。

工作进行了一段时间之后，雕像快要完成了，索德里尼进入了工作室。他自以为是行家，在仔细“品鉴”这项作品后，开始对这座雕像品头论足。他站在这座大雕像的正下方说：“米开朗琪罗，你的这个作品诚然是个杰作，很了不起，但它还是有一点缺陷，就是鼻子太大了。你来看看是不是？”

米开朗琪罗知道索德里尼没有鉴赏水平，并且他得出这样的结论是因为观察的角度不正确，但是米开朗琪罗什么都没有说，而是拿着工具，让索德里尼跟着他爬上支架。他在雕像鼻子的部位轻轻敲打，一边敲打一边让手里事先拿好的石屑一点一点掉下去，还不时地争求索德里尼的意见，表面上看起来他是按照索德里尼的意见在修改，但事实上他根本没有改动鼻子的任何地方。

几分钟后，他站到一边，问道："现在怎么样？"

索德里尼端详了半天，得意地微笑着回答道："我比较喜欢现在这个样子，更加栩栩如生了。这才是最完美的艺术！"

很明显是索德里尼不对，但他是米开朗琪罗的赞助人，米开朗琪罗知道冒犯他没有任何意义。如果他不听从赞助人的意见跟他争辩起来，最后可能会胜利，但结果是除了逞一时的口舌之快，不会有任何收获，并且还可能因此而得罪这个赞助人，使自己面临资金短缺的困境，最后可能连这个雕像都无法完成。米开朗琪罗的妥协可以说是明智的，他口头上忍让，没有据理力争，并不是对索德里尼言听计从，因为如果改变鼻子的形状，很可能就毁了这件艺术品。对此，他的解决办法是让索德里尼在无意中调整自己的视野——让他靠近鼻子更近一点，而不是让他意识到自己的错误。

每个人都有自己的个性，都可能在某些方面与别人不同。人与人相处常常会出现大大小小的矛盾，当我们面对这些矛盾时，不可以"狭路相逢勇者胜"，因为胜的同时，一份友情也就消失了。

在我们的生活中，矛盾无时不在、无处不有。但是，怎么解决矛盾？这是最关键的问题，也是最难办、最头痛的事情。在与他人的矛盾中，有些人总是得理不饶人，非要证明自己才是对的，咄咄逼人，结果只能把事情越弄越大、越弄越僵，最后无法收场，甚至付出惨重的代价。托比的证明就是这样的。

有一个名叫托比的人，来叙拉古城游学，路上经过卡塔尼山时，看见山上有一只老虎。进城后，托比便对人们说，山上有一只老虎，上山时要小心。可是没有人相信他，因为这里的人从来没有在山上发现过老虎。托比一再坚持，并向人们描绘老虎的样子如何凶猛。然而任凭他费尽口舌，人们仍然不相信。最后托比说，既然你们不信，那么我带你们去看看。

当时柏拉图和他的几个学生也在叙拉古城，师徒一行人和托比一起上了山，但是一连几日，始终没有发现老虎的蛛丝马迹。托比急得对天发誓说："当天他确实见到了老虎。"人们却说："当时你的眼睛被魔鬼蒙住了。如果你再坚持说见到了老虎，人们会说叙拉古城来了一个撒谎的人。"

托比生气地说："我从来没有撒过谎！我真的见到了一只老虎。"为了证明自己的诚实，托比逢人便说他没有撒谎，确实看到了老虎。到了最后，人们见到他就躲，甚至认为他是个疯子。

这实在让托比不能忍受。他买来一杆猎叉，独自上山寻虎。他发誓，一定要找到老虎，把它打死带回来，让全城的人看看。

托比一去就再也没有回来。几天后，人们在山中发现了一堆破碎的衣服和一只脚。法官验证后说，托比是被一只重500磅左右的老虎吃掉的。

托比没有撒谎，也不是个疯子。妥协是一种明智的让步。为人处世，遇事都要有退让一步的态度才算高明。我们生活在一个复杂的社会之中，各种情况、各种类型的人都可能遇到。当双方相持不下时，最好有一方要主动妥协，妥协对双方都有利，否则，如果撕破脸皮，双方都有损失。

放下舍得，积极面对

作为二战战败国的日本，在经济上发展迅速，其发展轨迹是无数专家学者感兴趣的课题。因为高速的经济发展，其国民的生活方式被高度宣传并广为模仿，我们国家就有专门的“哈日族”。但事实上，日本的高速发展是一个方面，另一个方面是日本的“执拗”部分，这被称之为“两个日本”。

“两个日本”的提法由来已久，它是指日本存在的一个特别现象，即指有两个日本：一个是“高效、先进”的日本，另外一个却是“落后、低效”的日本。高效的日本主要集中在汽车、家电、机器人等行业，日本人在这些产业的成绩足以让全世界竞争对手们肃然起敬，日本人的聪明、追求完美、高效率在这几个产业中也淋漓尽致地表现了出来，这几个产业的出口创汇要占整个日本外汇的60%以上。而另外一个日本则是病态日本，这是指日本国内效率低下、各自为政的产业。如农业、批发与零售业、金融服务业、运输、通信与住房业等，这些产业成本居高不下，排斥竞争，是一个落后和垂死的日本。所以，日本人一方面在全球收入排行榜上占高位，而另一方面，日本人的生活品质却一直与收入不成比例，日本国内生活日用品价格出奇的高，普通日本人的居住环境也相当窘迫，有的人甚至穷其一生也买不起一栋普通的房子。

“高效、先进”的日本被人们研究来研究去，盛行的说法是得益于日本政府的出口导向型产业振兴政策。直到今天，产业振兴政策还被许多国家奉为经典而执行着。但是，跳出过去只研究几个成功产业的通行做法，把研究视野扩得更大，把时间拉得更长，得出的结论或许会让那些高唱产业振兴政策的专家们大跌眼镜。哈佛大学著名产业研究大师波特和日本东京大学的教授合作，专门研究日本的产业振兴政策在经济发展中所起的作用，其研究囊括了20世纪40年代到20世纪90年代的18个产业，这些产业基本上覆盖了日本经济中所有的重要产业部门，研究对象包括成功的产业和过去鲜有研究者关注的失败产业。专家们不停追问这样一个问题：日本政策强力扶持的许多产业为什么会失败？

在日本所有失败的产业案例中，竞争在某种程度上都被限制着。例如，政府由于害怕过量生产会导致浪费，特别喜欢控制生产水平。例如在证券市场中，过量的政府调节和固定的委托关系导致了处于垄断地位的公司有着非常舒服的位置，因为整个产业在政府的限定下也就只有四个公司存在。在清洁剂市场中，日本政府为保护国内产业免受外国竞争者的竞争，导致只有两个公司控制整个国内市场。而与此对照的是，日本在具有国际竞争力的产业中，国内市场存在着激烈的竞争。在空调业，有数十个竞争公司相互竞争，而在机器人产业中有100多个公司，传真机也有15家公司。传统的观点认为激烈的竞争会导致利润下降与模仿盛行，但来自日本大量的案例证明，公司间的激烈竞争也使日本的这些产业在国际市场上获得了强大的竞争优势。

通过对日本经济发展历程的研究，我们或许可以得出这样的结论：日本的产业振兴政策实际正是目前那个落后日本的最根本原因，而许多成功的产业恰恰是日本政策少干预或者基本上不干预的产业。

这是一个让人大跌眼镜的结论，而道理和我们的一句俗语是异曲同工的：

欲速则不达。就像我们都希望人生有捷径，可以直接越过那些不顺直接达到目标一样，你越想获得，越是不容易获得。相反水到渠成总是自然一些。

“只要有一颗谦虚和开放的心，你就可以在任何时候从任何人身上学到很多东西。无论是逆境或顺境，坦然的处世态度往往会使人更加聪明。”逆境给人宝贵的磨炼机会。只有经得起考验的人，才算是真正的强者。

其实，顺境和逆境都是命运的安排，只有坦然地去面对，才是最好的方式。换一个角度，“置身绝境”就是“以身体验”的珍贵机会。明白这一点，面临艰难困苦时就能勇气百倍地承受下来。唯有如此，才能涌出新的智慧，转祸为福。

总之，不论处境如何，为人处世之道就在于不迷惘、不矫揉造作，以坦然的态度处世，这才是最正确的。在人生旅途中，我们可能会遇到坎坷和不幸，如竞争的失败、家道的中落、不测的病痛和突发的灾难；可能会遇到无端的误解和不公的际遇；可能会有名利得失和荣辱毁誉；可能会有历史的伤痕和岁月的沧桑……

如果一切都是不可避免的，那我们不妨从日本的成功案例和失败案例中借鉴，我们要勇于竞争，勇于拼搏，遇到困难不轻易放弃，培养自己积极面对逆境的良好心态。

举手投足间的舍得抉择

在企业管理中有一个环节至关重要，就是上下级之间的沟通。有效的沟通不仅能让团队高效工作，对于提高企业效益也是大有裨益的。

当你开始带领团队的时候，你的成员有时会自动地判断你是谁。他们也许会认为你是一个控制型的领导，这意味着，或者说你“没有和他们在一起”，他们也没有真正认识你。如果你在刚刚成为团队领导的时候讲一个“我是谁”的故事，你就可以让成员们对你有一个深入的了解，这可以帮助你消除你和团队成员之间的隔阂，使他们认识到你也和他们一样是一个普通人。“我是谁”这个故事的目的应该是向你的成员们透露一些你的缺点，或者是你以前曾经犯过的错误。为什么需要这样做呢？因为通过透露你的缺点，你在向你的团队传递一个信息，那就是你很信任他们。透露你的缺点（需要确定的是，这是一个小缺点）还可以使你表现得更加平易近人，因为它表示你是普通人而已。

还记得“狼来了”的故事吗？这个故事教育了一代又一代的孩子，除非他们真正需要帮忙，否则不要乱求救。虽然这个故事很简单，但就像多数寓言一样，它被广为流传了几个世纪。

一位企业家在与一家全国性连锁养老机构合作时，看到这些养老院工作人员中有许多年轻人，他们都具有最善良的愿望，但是他们在工作中经常使用的声调，在他看来更加适合小孩子而不是老人。于是他向这些年轻人讲述了自己祖母的故事：我祖母中风以后就再也不能说话了。几个月以后，她开始绝食了，在她看来与其没有尊严地活着，不如死了算了，因为照顾她的人俨然以恩人的方式和她说话。这个故事由此改变了那些年轻工作人员的工作方式。

很多事情我们看着很小，不愿意去做。例如扶起倒下的椅子，整理好自己的东西……这些事情太过琐碎，我们很容易忽略它们的意义。就像一个家庭，丈夫为经济主体，而妻子收入较低，照顾老人和小孩，一日三餐、家务劳动就分担得多一些，长此以往，在外奔波的丈夫可能就越来越不平衡，觉得自己是家里的主体，整日劳作的妻子已经和自己很少有共同语言了，他认为这些琐碎的家务无法和他为家所作的奉献相比。有一对夫妻就是因为这个问题而找到北京电视台的心理咨询节目，希望得到解决。只不过这一次“主外”的是妻子。心理专家就让他们做了一个游戏，小时候经常玩的跷跷板游戏，当夫妻两人分别坐在跷跷板的两边时，跷跷板很稳固，当专家要求丈夫离开座位时，妻子一个人让跷跷板平衡变得十分困难，而当妻子离开座位时，丈夫同样无法让跷跷板长时间地保持平衡。一个家，分工是明确的，琐碎的事同样是需要人去做的。而长久坚持做琐碎事的人不比创造出更多经济价值的人地位低。

我们知道很多将琐碎的事进行到底从而成为传奇的故事。像一个人因为捡垃圾而最终功成名就，进了福布斯财富排行榜。说这些故事是为了唤起希望，尤其是当我们不知道为什么需要那样做以及应该做什么的时候。如果一些细枝末节因为忽视没有做到位的话，所产生的后果恐怕是让人始料不及的。一家连锁眼镜店打广告说，如果顾客回到家里以后发觉不喜欢的话，店里可以提供一副新款眼镜。这么做自然引起了店铺成本的上升。然而，这家店铺的经理经常定期地告诉店员说，有一位顾客利用了商店的这些优惠，对此他满怀歉意，但是从那以后，多年来他不仅一直保持对这家连锁店的忠诚，还把这家连锁店推荐给他的家人和朋友。结果是生意上面一点小小的损失给这家连锁店带来了更多的利润。

事实上，那些举手之劳的事是会带来很多意外的收获的，我们大可不必计较那一点点短暂的时间和得失。人生不如意之事十之有八九。面对挫折、苦难，是否能保持一份豁达的情怀，是否能保持一种积极向上的人生态度，这需要博大的胸襟、非凡的气度。其实，生命本身就是一种幸福。在逆境中磨炼出你的意志，不必计较一时的成败得失。“风物长宜放眼量”，去追寻长久的精神底蕴。忍受孤独，在彷徨失意中修养自己的心灵，如蚌之含砂，在痛苦中孕育着璀璨的明珠，这就是最大的收获。

人的一生，不可能事事如意、样样顺心，生活的路上总有许多的沟沟坎坎。你的奋斗和付出，也许没有预期的回报；你的理想和目标，也许永远难以实现。如果抱着一份怀才不遇之心愤愤不平，如果抱着一腔委屈怨天尤人，就难免会使自己心态扭曲、心力交瘁了。

PART 05 第五章

退一步的智慧

TUI YI BU DE ZHI HUI

人生在世，为人处世要学会退让。让则通，通则顺，一顺百顺，顺风顺水，顺心顺利。退让，是一种人生智慧，是一种艺术，更是一种走向成功的谋略。而懂得退一步的人，往往在生活与工作中是最大的智者。

让人一步的人生智慧

争一步不如让一步。让人一步，好处多多。让人一步并不说明你没有自尊，没有骨气，没有能力，也不能说明你懦弱，而是你比别人更有勇气。因为让人一步，需要有一种超越自我的精神和力量。

象棋是中国人发明的，其中蕴藏着中国人的人生智慧。高手往往能从大局出发，不争一子之得失，着眼于长远，走一步看三步，甚至更多步，有战略布局造势，有策略设圈埋伏；而低手，只能从局部出发，走一步看一步，无长远之眼光，为争一子之得失往往陷于对手的圈套，损城失地，直至输棋。

人生不能没有追求，执着是一种美丽。失败是成功之母，只有不断总结，不断拼搏，才有可能取得最后的成功。“宝剑锋从磨砺出，梅花香自苦寒来。”历尽千辛万苦获得的成功更值得珍惜，苦尽甘来的喜悦更值得细细品味。

勇往直前、百折不挠固然可喜，但是人生也不能没有退步，没有让步。有限的生命难以承受太多的重量，人生不可能永远负重前行。有舍才有得，只有学会取舍才能得到更多。所以适当退让，学会放弃更是一种智慧。其实，合理的退让是一种洒脱，是一门学问；适当的放弃是一种豁达，是一种人生的领悟。

现实生活中有许多事是不能让的，比如要求上进之类的事，还有学习等，但在更多的事情上是需要让人一步的。

明朝年间，在江苏常州，有一位姓尤的老翁开了个当铺，有好多年了，生意一直不错。某年年关将近，有一天尤翁忽然听见铺堂上人声嘈杂，走出来一看，原来是站柜台的伙计同一个邻居吵了起来。见他出来，伙计连忙上前对尤翁说："这人前些时典当了些东西，今天空手来取典当之物，不给就破口大骂，一点道理都不讲。"那人见了尤翁，仍然骂骂咧咧，不讲情面。尤翁却笑脸相迎，好言好语地对他说："我晓得你的意思，不过是为了度过年关。街坊邻居，区区小事，还用得着争吵吗？"于是叫伙计找出他典当的东西，共有四五件。尤翁指着棉袄说："这是过冬不可少的衣服。"又指着长袍说："这件给你拜年用。其他东西现在不急用，不如暂放这里，棉袄、长袍你先拿去穿吧！"

邻居拿了两件衣服，一声不吭地走了。当天夜里，这个人竟突然死在另一人家里。为此，死者的亲属同人家打了一年多的官司，害得别人花了不少冤枉钱。

原来这个邻居欠了人家很多债，无法偿还，走投无路，事先已经服毒，知道尤家殷实，想用死来敲诈一笔钱财，结果只得了两件衣服。他只好到另一家去扯皮，那家人不肯相让，结果就死在那里了。

后来有人问尤翁说："你怎么能有先见之明，向这种人低头呢？"尤翁回答说："凡是蛮横无理来挑衅的人，一定是有所恃而来的。如果在小事上争强好胜，那么灾祸就可能接踵而至。"人们听了这一席话，无不佩服尤翁的聪明。

与小人计较，你不仅会失去风度和面子，而且有时你还会吃亏。如果你让了小人，表面上是吃亏了，实际上是你赢了。你没有失去太多，而小人则会失去很多。

在日常的生活中，人与人之间会产生矛盾，发生冲突，这是不可避免的，此时就看自己怎么来表现，怎么去处理问题了。你是为了争回面子跟他拼到底呢，还是能先让一步？让一步时，受益者说不定还是自己呢！这两种做法反映的就是一个人的涵养、素质。往往在与别人发生冲突时，火气上来，什么都不管了，骂就骂，打就打，奉陪到底，不然的话就会感觉太没面子、太没勇气了，好像是白活了，这正是没有涵养、素质差的表现。所谓："退一步海阔天空，忍一时风平浪静"，何不先让一步呢？

在不违背原则的情况下，适当地让步是完全可以的。朋友之间相识讲的就是一个缘分，应该以大局为重，不要因为对方的态度有变化或有过错，自己就一定要以相同的方式回敬。始终保持与对方的友好态度，对方也能意识到你的"付出"。

"用心计较般般错，退步思量事事宽；有心栽花花不开，无心插柳柳成荫。"这首诗说明了人生的进退需要合理地选择。只有掌握适时的进退，才能做到游刃有余。争一步不如让一步，适时地让一步就会化解矛盾，消除误会，赢得友情。同样的道理，也适用于我们的日常交往当中。

人生在世，为人处世要学会退让。让则通，通则顺，一顺百顺，顺风顺水，顺心顺利。退让，是一种人生智慧，是一种艺术，更是一种走向成功的谋略。

当我们前进途中障碍重重时，或者根本无法前进时，这时我们就要改变一下原有的思维方式，换个角度考虑问题，采取退一步、进两步的策略。你的面前就会是一片碧蓝的天空。

赫尔·鲍姆是矿冶专业的高才生。在美国耶鲁大学毕业之后，又进德国的佛莱堡大学深造，并拿到了硕士学位。然而，当他来到美国西部的一个大矿找工作时，却发现很不顺利。按照预约的时间，赫尔·鲍姆走进大矿主的办公室，准备参加面试。他先把文凭递上，心想对方看了之后一定会感到满意。可大矿主对此却一点儿兴趣也没有，断然拒绝了他的求职要求。

“先生，正因为您有硕士学位，所以我才不能聘用您。”大矿主毫不客气地说，“我知道，你们学了系统的理论，可那些东西并没有什么实用价值，我可用不着这种温文尔雅的工程师。”

原来，这位大矿主是工人出身，是一步一步地从基层被提拔上来的，后来成为大矿的“掌门人”。此人生性耿直，脾气倔犟，由于自己没有上过大学，因此不喜欢有学历的人，尤其对那些张口就能讲出一大套理论的工程师，更没有好感了。面对应聘时出现的这种尴尬和无奈，聪明的赫尔·鲍姆脑子一转，很快想出了对策。他毫不恼怒，而是巧妙地转换话题，以缓解气氛。

他微笑着说：“大矿主先生，我想向您透露一个秘密，可您得事先答应我的一个条件——不告诉我父亲。”大矿主对此颇感兴趣，表示决不泄密。

“说真的，我在德国佛莱堡大学的三年时间一直是在混日子，什么东西也没有学到。”他小声地告诉对方。一听完这话，大矿主的脸马上由阴转晴，哈哈大笑起来，然后当场拍板：“很好，您被录用了，明天就可以来上班。”

赫尔·鲍姆审时度势，灵活多变，采用了以“退”为“进”的策略。职场上情况复杂，变化多端，让步有时是必要的。让步是一种暂时的、虚拟的后退，是为了进两步所做出的退一步的忍让。让步是一种修养，并非懦弱，更不是失去人格。

“退”从表面上看，意味着胆怯、失败，但是下面一个事实也许会令你感叹不已。森林中，唯老虎为百兽之王，谁见谁怕，无不撒腿而逃。就是这样一个威风凛凛的百兽之王，在捕食时却总是先后退几步，然后才狂奔而上。老虎尚知道在进攻时后退几步，以便产生更大的势能，而我们又何苦只知前进，不知后退呢?

汉代公孙弘年轻时家贫，后来贵为丞相，但生活依然十分俭朴，吃饭只有一个荤菜，睡觉只盖普通棉被。就因为这样，大臣汲黯向汉武帝参了一本，批评公孙弘位列三公，有相当可观的俸禄，却只盖普通棉被，实质上是使诈以沽名钓誉，目的是为了骗取俭朴清廉的美名。

汉武帝便问公孙弘："汲黯所说的都是事实吗？"公孙弘回答道："汲黯说得一点儿没错。满朝大臣中，他与我交情最好，也最了解我。今天他当着众人的面指责我，正是切中了我的要害。我位列三公而只盖普通棉被，生活水准和普通百姓一样，确实是故意装得清廉以沽名钓誉。如果不是汲黯忠心耿耿，陛下怎么会听到对我的这种批评呢？"汉武帝听了公孙弘的这一番话，反倒觉得他为人谦让，就更加尊重他了。

公孙弘面对汲黯的指责和汉武帝的询问一句也不辩解，并全都承认，这是一种何等的智慧呀！汲黯指责他"使诈以沽名钓誉"，无论他如何辩解，旁观者都已先入为主地认为他也许在继续"使诈"。公孙弘深知这个指责的分量，因此他采取了十分高明的一招，不做任何辩解，承认自己沽名钓誉。这其实表明自己至少"现在没有使诈"。由于"现在没有使诈"被指责者和旁观者都认可了，也就减轻了罪名的分量。公孙弘的高明之处还在于对指责自己的人大加赞扬，认为他是"忠心耿耿"。这样一来，便给皇帝及同僚们这样的印象：公孙弘确实是"宰相肚里能撑船"。既然众人有了这样的心态，那么公孙弘就用不着去辩解沽名钓誉了。因为这不是什么政治野心，对皇帝构不成威胁，对同僚构不成伤害，只是个人对清名的一种癖好，无伤大雅。

"为人"、"予人"愈多，而自我之积累愈丰，置己于众人之后，置私利于度外，却反而能保全私利，成就自我。即所谓："名为退，实乃进；以退为进，以屈求伸。”

从某种意义上讲，人没有理由不允许别人超过自己，为什么非要去计较一城一池的得失呢？为什么非为一点利益而争得头破血流呢？为什么不向后看看？退一步海阔天空，聪明的人总是有远见卓识，他们不会一味地走进一条死胡同。相反，他们善于以退为进，退一步，进两步，在广阔的人生海洋中发现机会。

退一步，进两步，即以退让开始，以胜利告终，是为人之学中不可多得的一条锦囊妙计。

你先表现得以他人利益为重，实际上是为自己的利益开辟道路。在做有风险的事情时，冷静沉着地让一步，尤能取得绝佳效果。

退一步并非软弱

忍耐并非软弱，能忍、善忍就能够为自己留条后路。“忍”不是低三下四、甘愿受他人摆布、忍气吞声、受人欺侮、逆来顺受、不去反抗，而是等待机会，重新开始的一种谋略，是一种做人做事的大智慧。

生活中，涉及大原则的事情并不多，许多矛盾和纠葛，大多是生活小事。因此，我们应该学会忍耐，学会谦让。忍不是软弱，忍是一种负责和担当；忍并不是目的，而是一种手段。可以这样说，忍是一个人生存的第一能力，能屈能伸方为大丈夫本色。生活中，我们需要忍，且要学会忍。

一个人善于忍，才能得到各方面的帮助，吸收各方面的信息，有时你不知不觉就会发现，忍给你带来的好处，远远大于不忍给你造成的损害。山路十八弯，水路十八盘，人生之路也必定充满了荆棘、坎坷，不如意、不顺心的事经常出现，这就决定了我们在人生旅途上不仅要有挑战困难的决心，更应具有一颗学会忍的心。如果做不到这一点，就会给自己带来很多的麻烦。

有一对夫妇，他们的婚姻正濒临破裂。为了重新找回昔日的爱情，他们打算做一次浪漫之旅。如果能找回爱情就继续生活，如果不能就友好分手。

不久，他们来到一条山谷，这是一条东西走向的山谷。山谷很平常，没什么特别之处，唯一引人注意的是，它的南坡长满松、柏等树，而北坡只有雪松。

这时，天上下起了大雪。他们支起帐篷，望着纷纷扬扬的大雪，发现由于特殊的风向，北坡的雪总比南坡的雪来得大，来得密。不一会儿，雪松上就落了厚厚的一层雪，不过当雪积到一定的程度，雪松那富有弹性的枝丫就会向下弯曲，直到雪从枝上滑落。这样反复地积，反复地弯，反复地落，雪松完好无损。可其他的树，因没有这个本领，树枝都被压断了。南坡由于雪小，总有些树挺了过来，所以南坡除了雪松，还有柏树等树木。

帐篷中的妻子发现这一景观，对丈夫说："北坡肯定也长过杂树，只是不懂弯曲才被大雪压毁了。"

丈夫点头同意。过了片刻，两人像是突然明白了什么似的，相互拥抱在一起。

丈夫兴奋地说："我发现了一个秘密——对于外界的压力要尽可能地去承受；在承受不了的时候，学会弯曲一下，像雪松一样让一步，这样就不会被压垮。"

大自然中的树是如此，生活中的人亦应如此。其中蕴涵着丰富的哲理，它并不是倒下和毁灭，而是顺应和忍耐。

生活中，我们要学会忍耐，那就要懂得宽恕，也就是宽以待人，严于律己。有时人与人之间的冲突，尤其是在一些利益关系上，往往是十分紧张的。正如有人所认为的那样，要想利人就不能利己；要想利己就不可能同时也利人。这显然就要在一定程度上做出自我牺牲了。这里，没有"忍"，是办不到的。

在现实中，人的社会关系很复杂，要和方方面面的人打交道，所以，同事关系、邻里关系、朋友关系、家庭关系都要处理好，这之中必须有一种"忍"的意识。宋朝时的尚书杨玢就是这样的一位智者。

杨玢是宋朝尚书，年纪大了便退休在家，无忧无虑地安度晚年。

他家住宅宽敞、舒适，家族人丁兴旺。有一天，他正要拿起《庄子》来读，他的几个侄子跑进来，大声说："不好了，我们家的旧宅地被邻居侵占了一大半，不能饶他！"

杨玢听后，问："不要急，慢慢说，他们家侵占了我们家的旧宅地？"

"是的。"侄子们回答。

杨玢又问："他们家的宅子大，还是我们家的宅子大？"侄子们不知其意，说："当然是我们家的宅子大。"

杨玢又问："他们占些旧宅地，于我们有何影响？"侄子们说："没有什么大影响，虽无影响，但他们不讲理，就不应该放过他们！"杨玢笑了。

过了一会儿，杨玢指着窗外的落叶，问他们："那树叶长在树上时，枝条是属于它的，秋天树叶枯黄了落在地上，这时树叶怎么想？"他们不明白其义。杨玢干脆说："我这么大岁数，总有一天要死的，你们也有老的一天，也有要死的那一天。争那一点点宅地对你们有什么用？"他们这才明白了杨玢讲的道理，说："我们原本要告他的，状子都写好了。"

侄子呈上状子，杨玢看后，拿起笔在状子上写了四句话："四邻侵我我从伊，毕竟须思未有时。试上含光殿基望，秋风衰草正离离。"

写罢，他再次对侄子们说："我的意思是在私利上要看透一些，遇事能忍则忍，不要斤斤计较。"

人的一生，不可能事事如意、样样顺心，生活的路上总有许多的沟沟坎坎。你的奋斗和付出，也许没有预期的回报；你的理想和目标，也许永远难以实现。如果抱着一份怀才不遇之心愤愤不平，如果抱着一腔委屈怨天尤人，就难免会使自己心态扭曲、心力交瘁。

生活在凡尘俗世，难免与人磕磕碰碰，难免被别人误会、猜疑。你的一念之差、你的一时之言，也许会被别人加以放大和责难，你的认真、你的真诚，也许会被别人误解和中伤。如果非得以牙还牙、拼个你死我活，如果非得为自己辩驳、澄清，可能会导致两败俱伤。

“水满则盈”、“过犹不及”，都是中国先哲们早已总结出来的经验。告诉我们，哪怕自己可以去争取到的东西，最好也要留点分寸、留点余地，以便在万一出现什么情况时，能够有一个回旋的余地。这里，不仅是一个自我忍让的问题，而且也有一种客观的必要性。因为，就人来说，一旦处于非常极端的地步或状态，往往会使自己处于比较被动的境地。

孔子曰：“百行之本，忍之为上。”忍是一种做人做事的大智慧，能忍善忍就能够为自己留条后路。忍显示着一种力量，是内心充实、无所畏惧的表现。忍是一种强者才具有的精神品质。

暂时忍耐是为了明天的成功

趋利避害，忍小谋大。人生岂能因小失大？作为一个具备长远眼光的人来说，要善用精明，不唯小利唯大利，要寓精明于“笨拙”之中，舍小利以求大利。

立身处世，当从大处着眼，小处着手，不为权势利禄所羁，不为功名毁誉所累，明察世情，了然生死，方能做到旷达自然，临危不惧。遇到危机形势时，更要谨慎行事，忍字当先。

事实证明：一个成功者或一个有着明确的奋斗目标渴望成功的人，往往要舍得放弃那些在旁人看来是来之不易的东西，才能谋得自己心里想要的东西。智者曰：“两弊相衡取其轻，两利相权取其重。”趋利避害，是忍小谋大的实质。

亚伦·拉斯顿是美国《时代周刊》选出的2003年一季度最出色的人物。

拉斯顿的探险经历让他的大多数同事和朋友感到惊讶和敬畏，在科罗拉多州55座海拔超过4300米的高峰中，拉斯顿已经爬过了其中的49座。

2003年4月26日，27岁的拉斯顿一个人来到犹他州蓝约翰峡谷登山。蓝约翰峡谷位于犹他州东南部，风景绝美，但人迹罕至。拉斯顿在攀过一道近1米宽的狭缝时，一块巨大的石头挡住了去路。拉斯顿试图将这块巨石推开，巨石摇晃了一下，猛地向下一滑，将拉斯顿的右手和前臂挤在了旁边的石壁上。

拉斯顿忍着钻心的剧痛，使劲用左手推巨石，希望能将手臂抽出来，然而石头仿佛生了根一般纹丝不动。在做了无数次努力之后，精疲力竭的拉斯顿终于明白，单凭自己一个人绝不可能推动巨石，只能保存精力等待救援了。

然而，在接下来的数天里，别说是人，就连鸟也没有飞过一只。他就这样吊在悬崖上，没有食物，每天只能喝水。到4月29日，壶中的最后一滴水也被他喝光了。5月1日早晨，当饥肠辘辘、浑身无力的拉斯顿从睡梦中醒来时终于明白，他所在的地方太过偏僻，即使有人为他的失踪报警，救援人员也不可能找到这个地方。再等下去只能是死路一条，想活命的话只能靠自己了。

拉斯顿心里清楚，把自己从巨石下解放出来的唯一办法就是断臂。而除了简单的急救包扎，他并不知道如何进行外科自救。于是他清理了一下手头的工具——一把8厘米长的折叠刀和一个急救包，没有麻醉剂，没有止痛药，也没有止血药，超常的疼痛和所冒的风险可想而知，不过拉斯顿已经别无选择了。由于刀子过钝，在难以形容的疼痛和失血过多造成的半昏迷状态下，拉斯顿先折断了前臂的桡骨，几分钟后又折断了尺骨……整个过程大约持续了一个小时。

由于大量失血，拉斯顿差点昏厥，然而他仍坚持着从身旁的急救箱中取出杀菌膏、绷带等物，给自己被切断的右臂做了紧急止血处理。拉斯顿甚至还想把断臂从巨石下取出来。止住流血后，拉斯顿决定徒步走出峡谷。他被困之处是一个陡峭的岩壁，距峡谷底部有25米的高度，上来容易下去难，尤其是在刚切断一只手臂之后。不过这没有难住他，他用登山锚将一根绳子固定在岩壁上，用左手抓住绳子，顺着岩壁滑了下去。

在下山的路上，拉斯顿看到了他的山地自行车，但他根本不可能骑着它下山了。在跌跌撞撞走了十几千米后，两名旅游者发现了血人一般的拉斯顿，在明白发生了什么事后，他们赶紧报警。不久，一架救援直升机赶到，将拉斯顿送到了最近的医院。

当直升机飞行了12分钟到达医院时，拉斯顿居然谢绝别人的帮助，自己走进了急救室。

参加救援行动的米奇·维特里军士驾驶直升机再次飞回蓝约翰峡谷，希望找回拉斯顿被截去的半条手臂，也许医生还可以为拉斯顿重新进行接肢手术呢。然而，当维特里找到那块石头时，他发现石头实在是太重了，根本无法撼动。维特里说："我估计它差不多有500千克重！为了求生，拉斯顿除了切断他的手臂外没有别的选择。"

事实上，在拉斯顿失踪四天之后，他所在的登山车公司的老板便向警方报了案，警方的直升机也在附近进行了搜寻，但警方从空中根本不可能发现他被困的地方。

在生活强迫我们必须付出惨痛的代价之前，主动放弃局部利益而保全整体利益是最明智的选择。拉斯顿能活下来，完全是因为他有着两利相权取其重的智慧。

俗话说："针无两头利，蔗无两头甜。"凡事皆有利有弊，愚者取其弊，智者取其利，成功者则会化弊为利。

生活中有许多事当忍则忍，能让则让。忍耐显示着一种力量，是内心充实、无所畏惧的表现。古人说："君子之所以取远者，则必有所持。所就者大，则必有所忍。"忍是一种强者的心态，更是一个人的修养。在现实生活中，大凡有真本领者都善于忍耐。忍耐是为了给自己留有余地，而有了余地才能掌控大局。

现实生活中，有时即使你不找人麻烦，麻烦也会撞上你，最好的策略就是忍。即使你有足够的理由，该忍之时也要忍，忍住心中的躁动，这才是智者的选择。

汉初名将韩信小的时候读过书，拜过武师，能文能武。后来他的家人死了，家道便开始走下坡路。读过书、练过武的韩信似乎并不开窍，因没有学到挣钱的本领，只好到别人家里去混饭吃。时间长了，大家都很讨厌他。

韩信非常穷，衣服也不整齐，但他身上经常挂着一把宝剑。

淮阴城里的一帮少年看着很不顺眼，经常取笑他，他也不跟这些人计较。于是这些人就认为韩信好欺负，对他说："韩信，你文不像文，武不像武，富不像富，穷不像穷，像个什么呀？我看你还是把那把宝剑摘下来吧。"这帮人中有一个屠夫的儿子，特别刻薄，当众对韩信说："你老带着剑，好像有两下子，可是我知道你是个胆小鬼。你敢跟我拼一拼吗？你要是敢，就拿起剑来刺我；如果不敢，就从我的胯下钻过去。"

饿着肚子的韩信听了这话非常气愤，众目睽睽，他又走不脱，动刀子的话就要伤人。考虑再三，他只好忍气吞声地趴下来，从屠夫儿子的两腿间钻了过去。大伙儿见状全都乐了，觉得韩信实在是个胆小鬼，因此就给他起了一个"胯夫"的绰号。

其实韩信是个胸怀大志的人，他甘心忍受常人所不能忍受的耻辱，是不想逞一时的匹夫之勇，与屠夫的儿子一般见识。后来他率领千军万马逐鹿疆场，所向披靡，战功赫赫，成为一代名将。他与部下谈起这件事时说："难道那时我没胆量杀他吗？只是杀了他，我的一生也就完了。正是因为那时我忍住了，所以才有今天的地位和成就。"

假如韩信当初争一时之气，一剑刺死羞辱他的人，按法律处置，则无异于以盖世将才之命抵偿无知狂徒之血；假如他当初图一时之快，与凌辱他的人斗殴拼杀，也无异于弃鸿鹄之志而与燕雀论争。韩信深明此理，宁愿忍辱负重，也不愿争一时之长短而毁弃自己远大的前程。

这样的忍耐，不是屈服，不是软弱，而是在退让中另谋进取。为了更高远的理想和目标，暂忍一时，这是做人做事最精明的选择。

“忍”有时候会被认为是屈服、软弱的投降动作，但若从长远来看，忍其实是非常务实、通权达变的智慧。凡是智者，都懂得在恰当时机忍耐，毕竟人生靠的是理性，而不是意气。忍耐常有附带条件，如果你是弱者，并且主动提出忍耐，那么虽然可能要付出相当的代价，却可以换得“存在”的空间和余地；“存在”是一切的根本，没有“存在”，就没有明天，没有未来。也许这种附带条件的忍耐对你不公平，让你感到屈辱，但用屈辱换得存在，换得希望，显然也是值得的。

在面临错综复杂的情况时，忍可以考查一个人的才能；在面对不良风气时，忍可以考验一个人的情操；在遇到困难时，忍可以锻炼一个人的思想意志；在处于激烈的战斗之中时，忍可以检验一个人的力量；在受到委屈与不公平时，忍可以反映一个人的韧性和度量。所以说，忍者无敌。

据科学家考证，有一种生长在马达加斯加的竹子花期过后的种子一亩可以高达50千克，但开花结籽却要等100多年。竹子开花的时间因品种而不同，最短的也在15年～20年，但这种品种的数量很少，大多数品种都在120年～150年开花结籽一次。这种奇特的生理现象让生物学家百思不得其解。研究出来的结果却是简单而理性的：为了它的种子不被吃掉。因为喜欢吃竹花、竹子的动物很少有活得过100年的。竹子为了一次开花结籽要等100多年，100多年中对一切都无动于衷，这种默默的忍耐造就了生命的完美，同时启示我们忍的重要性。

陆游说："小忍便无事，力行方有功。"它说明了忍在人生行事过程中的必要性。

忍，是一种等待，为图大业等待时机成熟，忍之有道。这种忍，不是性格软弱，忍气吞声、含泪度日之举，而是高明人的一种谋略，是为人处世的上上之策。

《史记》中记载着这样一个故事：

战国时代的范雎本是魏国人，后来他到了秦国。他向秦昭王献上远交近攻的策略，深为昭王所赏识，于是他被升为宰相。但是他所推荐的郑安平与赵国作战失败。这件事使范雎意志消沉，按秦国的法律，只要被推荐的人出了纰漏，推荐人也要受到连坐的处分。但是秦昭王并没有怪罪范雎，这使得他心情更加沉重。

有一次，秦昭王叹气道："现在内无良相，外无勇将，秦国的前途实在令人焦虑呀！"

秦昭王的意思原为刺激范雎，要他振作起来再为国家效力。可是范雎心中另有所想，感到十分恐惧，因而误会了秦王的意思。恰好这时有个叫蔡泽的辩士来拜访他，对他说道："四季的变化是周而复始的：春天完成了滋生万物的任务后就让位给夏，夏天结束养育万物的责任后就让位给秋，秋天完成成熟的任务后，就让位给冬，冬天把万物收藏起来，又让位给春天……这便是四季的循环法则。如今你的地位在一人之下，万人之上，日子一久，恐有不测。应该把它让给别人，才是明哲保身之道。"

范雎听后，大受启发，便立刻引退，并且推荐蔡泽继任宰相。这不仅保全了自己的富贵，而且也表现出他大公无私的精神。

后来，蔡泽就宰相位，为秦国的强大做出了重要贡献。当他听到有人责难他后，也毫不犹豫地舍弃了宰相的宝座而做了范雎第二。可见聪明的智者都不会一味地贪图富贵安逸，在适当的时候，他们都会主动退出舞台，以保全自身。

古人说："小不忍则乱大谋。"坚忍的忍耐精神是一个人意志坚定的表现，学会忍耐、婉转和退却，可以获得无穷的益处。忍是暂时退却，养精蓄锐，等待时机，重新筹划，这时再进便会更快、更好、更有力。有时候，不刻意追求反而更容易得到，追求得太迫切、太执着反而只能白白增添烦恼。以柔克刚，以退为进，这种曲线的生存方式，有时比直线的方式更有成效。

"忍"是众多有识之士的人生哲学。古语说过，男子汉大丈夫，能伸能屈，能刚能柔，识时务者为俊杰也。一个人如果千苦可吃，万难可赴，能经受住岁月的考验，那么，即使不是英雄也会忍成英雄的。

"忍"是一种做人智慧，即使是强者，在问题无法通过积极的方式解决时，也应该采取暂时忍耐的方式处理，这可以避免时间、精力等"资源"的继续投入。在胜利不可得，而资源消耗殆尽时，忍耐可以立即停止消耗，使自己有喘息、休整的机会。也许你会认为强者不需要忍耐，因为他资源丰富而不怕消耗。理论上是这样，但实际问题是，当弱者以飞蛾扑火之势咬住你时，强者纵然得胜，也是损失不小的"惨胜"。所以，强者在某些状况下也需要忍耐，可以借忍耐的和平时期，来改变对你不利的因素。

在生活中，忍是医治磨难的良方。因为生活中的琐碎小事太多，一不小心就会招惹是非。所以，我们提倡忍一时风平浪静，退一步海阔天空。因为，忍一时，一方面是脱离被动的局面，同时也是一种意志、毅力的磨炼，为日后的发奋图强、励精图治、事业有成奠定了正常情况下所不能获得的基础。因此，忍者无敌，遇事三思而后行，把忍放在心头才是上策。

退一步是自我品格的完善

有句俗话说："人为财死，鸟为食亡。"追求金钱、利益是许多人的目标，于是就有了见钱眼开、见利忘义等成语的出现。但是君子爱财应取之有道，不能只见金钱利益而忽视其他，因此"利"字面前"忍"当先。

现代生活中，尤其是大量的信息扑面而来的现代社会中，要做到"淡泊"很不容易。要想在绚丽多彩的物质诱惑面前抑制住自己的冲动是要花力气的，要想在金钱和名誉面前泰然处之就更需要有相当的毅力。对此，非常重要的一条便是不能把目光集中在某些具体的利益上，而要以长远的眼光去看待事情的轻与重、得与失。同样，也要用这种观点去评价自己的行为和追求。没有什么是永恒的，也没有什么是绝对的。当我们去评判世事时，没有必要为某人的发迹而眼红，也不要因为某人的亨通而自惭。

人如果有贪心，则必有私欲，这样做事就不能公道。为官的贪婪，则百姓遭殃；为商的贪利，则不择手段。做人只有在"利"字面前保持一种"忍"的心态，才不失为清醒与精明，那时你会发现，在你自己身上，已经具备了战胜一切的力量。

明朝嘉靖年间，松江有一个监生，博学有口才，本来是可以有所作为的，但他酷信炼丹术，被一个号称能炼丹的骗子骗去了一大笔银子。这个监生自然又气又恨，想到各地去漫游，抓住那个炼丹人。事有凑巧，忽然有一天，他在苏州的阊门碰上了那个炼丹的人。不等他开口，炼丹的骗子就盛情邀请他去饮酒，并且诚恳地向他道歉，说是上次很对不起监生，请他原谅。过了几天，那个炼丹的人又跟监生商量，说："我们这种人，银子一到手，马上就都花了，当然也没有钱还给你。现在我有个办法，东山有一个大富户，和我已经说好了，等我的老师一来，就主持炼丹之事，可我的老师一时半会儿又来不了，您要是肯屈尊，权且当一回我的老师，从那富户身上取来银子，作为我对您的赔偿，那就又快又容易，怎么样呢？"这个监生因为急着找回自己损失的银子，也顾不得许多，就答应了那个炼丹人的要求。于是炼丹的人就让监生剪掉头发，装成道士，自己装作学生，用对待教师的礼节对待监生。那个大户与扮成道士的监生交谈之后，深为信服，两人每天只管交谈，而把炼丹的事交给了监生的"徒弟"，大户觉得既然有老师在，徒弟还能跑了？不想，那个炼丹的骗子看时机成熟，又携大户的银子跑了，于是大户抓住"老师"不放，要到官府去告他。倒霉的监生大哭，说明了情况后才得以脱身。

像监生这样的人因为只想着自己的利益，而不考虑是否会损害别人，没有忍一时之贪，结果落得被人抓的地步。

对于名誉、地位、财富和利益，我们可以得到的，属于我们自己的，不仅可以受之无愧，而且应该当仁不让。但是，万万不可去贪图那些不是自己应得的东西，不能超越界线去贪图不义之财。有这种越界的非分之念，才是贪，而克制住自己的这种念头，即为勿贪。

利字面前忍当先。忍，就必须勿贪，也就是要知足常乐。勿贪主要是指不贪图名位、财利，不去作非分之想。当名位、财利摆在面前时，我们要忍字当先。

退一步是心灵平和的良方

舍得既是一种处世的哲学，也是一种为人做事的艺术，是选择、承担、忍耐、智慧、痛苦与喜悦的达观境界。

要知道，百年的人生长河中，也不过是由“舍”与“得”的小小浪花组成的。你若真正把握了舍与得的机理和尺度，便等于把握了人生的钥匙和成功的机遇。

被世人誉为“扬州八怪”之一的郑板桥，留下两句四字名言：一句是“难得糊涂”，另一句是“吃亏是福”。把吃亏当福，以一种豁达的心态接受一切。这听起来好像是弱者的自我安慰，实际上，这句话渗透着为人处世的大智慧。

吃亏，虽然意味着舍弃与牺牲，但也不失为一种胸怀、一种品质、一种风度。贪心的人，总是费尽心思去算计别人，在其热情、仗义与关切的伪装背后，更多的是肆无忌惮地对别人的进攻与伤害。不怕吃亏的人，才会在一种轻松和自由的心境中感受到人生的幸福。

有这样一个故事：

一天早晨，父亲做了两碗荷包蛋面条，一碗上边有蛋，一碗上边无蛋。端上桌，父亲问儿子：“吃哪一碗？”

“有蛋的那一碗！”儿子指着有蛋的那碗。“让爸爸吃那碗有蛋的吧。”父亲说，“孔融4岁能让梨，你10岁啦，该让蛋吧？”“孔融是孔融，我是我——不让！”“真不让？”“真不让！”儿子一口就把蛋给咬了一半。“不后悔？”“不后悔！”儿子说罢又是一口，把蛋吞了下去。待儿子吃完，父亲开始吃。没想到父亲的碗底藏了两个荷包蛋，儿子傻眼了。

父亲指着碗里的荷包蛋告诫儿子说：“记住，想占便宜的人，往往占不到便宜。”

第二天，父亲又做了两碗荷包蛋面条，一碗蛋卧上边，一碗上边无蛋。端上桌，问儿子：“吃哪碗？”

“孔融让梨，我让蛋。”儿子狡猾地端起了无蛋的那碗。“不后悔？”“不后悔！”儿子说得坚决。可儿子吃到底，也不见一个蛋，倒是父亲的碗里上卧一个，下藏一个，儿子又傻了眼。

父亲指着蛋教训儿子说：“记住，想占别人便宜的人，可能要吃亏。”

第三天，父亲又做了两碗荷包蛋面条，还是一碗蛋卧上边，一碗上边无蛋。父亲又问儿子：“吃哪碗？”

“孔融让梨，儿子让面——爸爸您是大人，您先吃。”儿子诚恳地说。

“那就不客气啦。”父亲端过上边卧蛋的那碗，儿子发现自己碗里面也藏着一个荷包蛋。

其实，越是不肯吃亏的人，越有可能吃亏，不但吃亏，而且往往还会多吃亏，吃大亏。唯有不怕吃亏的人，才会真正有福。自古就有“吃亏是福”、“吃一堑长一智”的说法。

有位哲人曾写下这样一段令人叫绝的文字，的确是对“吃亏是福”的最好诠释——人，其实是一个很有趣的平衡系统。当你的付出超过你的回报时，你一定取得了某种心理优势；反之，当你的获得超过了你付出的劳动，甚至不劳而获时，便会陷入某种心理劣势。很多人拾金不昧，绝不是因为跟钱有仇，而是因为不愿意被一时的贪欲搞坏了长久的心情。人没有无缘无故的得到，也没有无缘无故的失去。有时，你是用物质上的不合算换取精神上的超额快乐；也有时，看似占了金钱便宜，却同时在不知不觉中透支了精神的快乐。

“吃亏”大多是指物质上的损失，倘使一个人能用外在的吃亏换来心灵的平和与宁静，那无疑获得了人生的幸福。

职场中，有些工作不是分得很清，谁多做？谁少做？如果大家都想占便宜，那肯定有许多事情就没有人去做，这样的结果是使集体的名誉受到影响，正所谓占小便宜吃大亏。如果大家都不怕吃亏，有什么事情都抢着做了，也许这次你吃亏了，也许下次他吃亏了，但是，工作都完成了，集体荣誉有了，大家感情融洽了，工作氛围好了。相比下来，虽然吃点小亏，还是收获了“福”。

朋友相处，也是这样。如果都想着占别人的便宜，也许你会得逞一两次，可是，时间久了，谁还会相信你这个朋友？朋友讲究的就是为对方考虑，虽然，“为朋友两肋插刀”是常人难以达到的境界，但凡事多想着点朋友，朋友交往不是一次两次，也不是一天两天，所以也不能计较是不是吃亏，时间长了，彼此都很了解了，因为偶尔的吃亏，得到一辈子的好友，这难道不是福吗？

对待亲人，也是如此。亲人心甘情愿地吃亏，自己也不能理所当然地占这个便宜，要体会亲人的一份真情，同时，你也要能为亲人吃亏，大家都能让上三分，还会有什么家庭矛盾，这难道不是福吗？

得理饶人是一种美德

得理且饶人，得理需饶人。这是一种善意的宽容，一种博大的胸怀，一种不拘小节的潇洒。我们每个人在为人处世的过程中，都要给自己和他人留一条退路，于人于己，这都将是人生道路上的小小收获。

俗语说："饶人不是痴汉，痴汉不会饶人。"得理饶人其实是一种大义，会得理饶人的人不笨更不傻，而是一个真正的智者。社会如此复杂，人与人之间发生争执和碰撞是在所难免的。当人们之间有了纷争，即使认为自己是有理的一方，也应该"得饶人处且饶人"。因为，善待他人就是善待自己。理解他人、宽恕他人，是一种真正的精神享受。

什么是得饶人处且饶人呢？即不要因为不值得的小事去得罪别人，而要能以一种豁达的心胸，以君子般的坦然原谅别人的过错。在生活中，也确实有不少君子不计人过的事例。文人宋缍辑录的《硕辅宝鉴》中，就记载着这样三则故事，很耐人寻味：

第一则讲唐朝的狄仁杰。

高宗时狄仁杰是大理丞，后为豫州刺史、洛州司马。天授二年（公元691年），他做了宰相。有一天，武则天对他说："你在汝南有善政，然而有人说你的坏话，你想知道吗？"狄仁杰说："陛下认为他说得对，臣当改正；认为臣没有那样的过错，那是臣之幸也。至于是谁说臣的坏话，臣不愿意知道。"

武则天听了很高兴，称赞狄仁杰是一个宽宏大量的长者。

第二则故事讲唐朝的陆赞。

陆赞在德宗时当过中书侍郎、门下同平章事。当初，御史中丞窦参常常排挤陆赞。后来窦参被事巽参奏，德宗大怒欲杀之。陆赞替窦参讲情，窦参才未被杀，被贬到獾州当司马。德宗又想株连窦参的亲人，没收他的家产，陆赞请德宗加以宽恕。世人无不称赞陆赞公正诚实，以德报怨。

第三则故事讲宋朝的吕蒙正。

蔡州的知州张绅犯贪污罪被免职。有人对宋太宗赵光义说："张绅很有钱，不至于贪污，是吕蒙正贫穷时向他索取财物没有如愿，现在对他报复。"吕蒙正不申辩，结果张绅复了官，吕蒙正被罢了宰相的官职。后来考课院查到张绅贪污的证据，于是又免了张绅的官职，吕蒙正重当宰相。太宗对吕蒙正说："张绅果然有赃。"吕蒙正也不谢。宋太宗称赞吕蒙正的气度不是那些浅薄的人可以做得到的。

得理，顾名思义，就是自己拥有采取行动的充分理由或者攻击他人的得道之理。许多人以为自己得了理，便有了"理直气壮"的资本，便可以以此作为自己必胜的武器，这是一种怎样愚蠢的想法啊。我们要知道，害人终究害已，给他人造成伤害的同时，自己同样不会好过。

古人又说："人非圣贤，孰能无过？"面对他人的过失，面对他人对我们造成的小小伤害，我们的最好做法便是以一颗宽广的心胸去宽恕他人，这样做，不但给了他人一次改过的机会，更让我们自己的心灵得到了升华。我们都知道比海洋更宽阔的是天空，比天空更宽阔的是人的胸怀。中国传统的为人处世美德中还讲究"推己及人"，如果我们都能做一个"推己及人"、心胸宽阔的人，我们的人生就将少些烦忧和怨恨，多些快乐与平和。

在我们的现实生活中，得理不饶人甚至比没理还欺负他人的现象多许多，正是因为这些“土霸王式”的得理不饶人者，才让这个社会时时处处充满了纷争与不和。有些人还以自己得理为敲诈手段，害得他人痛苦万分。这样的人是没有宽广心胸更没有眼光的人。他不知道这样愚蠢的做法终究会让自己吃亏，掉在自己给自己挖好的人生陷阱里。下面的这则寓言故事最能体现这一点。

一头笨重的大象正在森林里漫步，一不小心，它踩塌了老鼠的家，老鼠家顿时变得一塌糊涂。大象为此十分惭愧，真诚地向老鼠道歉，可老鼠却对此耿耿于怀。一天，老鼠看见大象正躺在地上睡觉，它心想：报复大象的机会来了！虽然大象是个庞然大物，但我至少可以咬它一口，以解我的心头之恨。可是，大象的皮特别厚，老鼠根本咬不动。这时，老鼠发现大象的鼻子，于是它高高兴兴地钻进大象的鼻子里，狠狠地咬了一口大象的鼻腔黏膜。大象突然感觉鼻子里一阵刺激，便用力打了个喷嚏。这喷嚏可不得了，一下子将老鼠喷出好远好远，差点没把老鼠摔个半死。

事后，同类纷纷来探望受伤的老鼠，这只小家伙忍着浑身的剧痛，语重心长地对同类们说：“大家要记住我的惨痛教训啊，得饶人处且饶人！”

我们常说，不管自己有理没理，得饶人处且饶人，给人一份谅解，我们将收获更多的快乐。如若反其道而行之，就将使自己受到更大的伤害。寓言故事中的小老鼠便是自作自受的典型，大象那么庞大、那么有力量的动物都能够拥有一颗谦虚之心，区区一只小老鼠却得理不饶人、自不量力，结果可想而知。小老鼠的经历值得我们人类深思。

现在的人越来越强调个性，好胜心强，常常把事做“绝”，表明自己的正确或胜利才罢休。如此，就会伤及感情。在一些小事小节上，你大可让朋友“赢”上一把，高兴高兴。

要想重视友人的自尊心，必须先抑制自己的好胜心。如果你总是旁若无人地使自己出尽风头，一味地过把瘾，不仅得不到友情，还会伤了友人的自尊心。

大部分的人一旦陷身于争斗的旋涡中，便不由自主地焦躁起来。一方面为了面子，一方面为了利益，因此一得“理”，便不饶人，非逼得对方鸣金收兵或竖白旗投降不可。然而“得理不饶人”虽然让你吹着胜利的号角，但这也是下次争斗的前奏。“战败”的对方也有面子和利益之争，他当然要“讨”回来。

要知道，得理不饶人，让对方走投无路，有可能激起对方“求生”的意志。而既然是“求生”，就有可能是不择手段，这对你自己将造成伤害，好比将老鼠关在房间内，不让其逃出，老鼠为了求生，将咬坏你家中的器物。放它一条生路，它“逃命”要紧，便不会对你造成伤害。

由此可见，得理饶人是一种非常高尚的行为，是一种大智若愚的表现。

宽容待人是一种财富

宽容是一种财富，拥有宽容，便拥有一颗善良、真诚的心。对于别人的过失，必要的指责无可厚非，但能以博大的胸怀去宽容别人，就会让世界变得更精彩。

“大肚能容，容天下难容之事；开口便笑，笑天下可笑之人。”凡有弥勒佛的寺庙里，我们经常可以见到这副对联。这副对联，是讲度量的，人能达到容天下万事万物的度量，其思想便是进入“禅”的高境界了。度量，是对他人长处、短处和过错的一种包容。度量大，能得人心、团结人、纳众谋，以成其强大，对创造和谐的环境十分有益。

宽容是一种处世哲学，宽容也是人的一种较高的思想境界。学会宽容别人，也就懂得了宽容自己。

一位名叫卡尔的卖砖商人，由于另一位对手的竞争而陷入困难之中。对方在他的经销区域内定期走访建筑师与承包商，告诉他们：卡尔的公司不可靠，他的砖块不好，其生意也面临即将歇业的境地。

卡尔对别人解释说，他并不认为对手会严重伤害到他的生意。但是这件麻烦事使他心中生出无明之火，真想“用一块砖来敲碎那人肥胖的脑袋作为发泄”。

“有一个星期天的早晨，”卡尔说，牧师讲道的主题是“要施恩给那些故意让你为难的人”，我把每一个字都吸收下来。就在上个星期五，我的竞争者使我失去了一份 25 万块砖的订单。但是，牧师教我们要以德报怨，化敌为友，而且他举了很多例子来证明他的理论。当天下午，我在安排下周日程表时，发现住在弗吉尼亚州的我的一位顾客，正因为盖一间办公大楼而需要一批砖，而所指定的砖的型号却不是我们公司制造供应的，但与我竞争对手出售的产品很类似。同时，我也确定那位满嘴胡言的竞争者完全不知道有这笔生意。

这使卡尔感到为难，是遵从牧师的忠告，告诉对手这笔生意，还是按自己的意思去做，让对方永远也得不到这笔生意？

卡尔的内心挣扎了一段时间，牧师的忠告一直盘踞在他心里。最后，也许是因为很想证实牧师是错的，他拿起电话拨到竞争对手家里。

接电话的人正是那个对手本人，当时他拿着电话，难堪得一句话也说不出来，但卡尔还是礼貌地直接告诉他有关弗吉尼亚州的那笔生意。结果，那个对手很是感激卡尔。

卡尔说：“我得到了惊人的结果，他不但停止散布有关我的谎言，甚至还把他无法处理的一些生意转给我做。”

卡尔的心里感到比以前好多了，他与对手之间的阴霾也烟消云散了。

享受宽容的幸福，就应该学会宽容。宽容他人对你的嘲笑，宽容朋友对你的误解，宽容领导对你的错怪。宽容一切你能宽容的，你会觉得你的心海宽阔得可以容纳山川大海，你会觉得你变得越来越豁达高尚。

关于宽容，流传着这样一个故事：

有一天，一个强盗突然闯进禅院，向七里禅师抢劫：“快把钱拿出来，不然就要你的老命！”七里禅师指指木柜说：“钱在抽屉里，你自己拿吧，但请留下一点给我买食物。”强盗得手后正要逃走，七里禅师却把他叫住：“收了别人的东西应该说声‘谢谢’才对啊！”强盗扭头随便说了句“谢谢”便头也不回地跑了……

后来，这个强盗被捕了，衙差把他带到七里禅师面前：“他交代曾抢劫过你的钱，是吗？”七里禅师说：“他没有向我抢，钱是我自愿给他的，再说，他也谢过我了。”

这个人服刑期满之后，立刻来叩见七里禅师，真诚地恳求禅师收他为徒。七里禅师虚怀若谷的“宽容之心”，使强盗那邪恶的心灵在瞬间得到了净化，最终“放下屠刀，立地成佛”。

七里禅师的宽容，对这个强盗的教育可谓是受益终身。我们为人处世，往往不是靠几句吼叫，更不是靠争个你死我活就能解决问题的，真正会做人的人，只会以宽广的胸怀包容一切。在我们的日常生活中，有别人一时犯下的错误，也有别人对自己的恶意中伤，但只要我们以宽容的心态对待他人，不但能够消除误会，更能起到及时纠正错误和教育他人的作用。

“海纳百川，有容乃大；壁立千仞，无欲则刚。”这副对联形象生动地表达了林则徐身为朝廷命官的气度。其中“海纳百川，有容乃大”，说的就是做人要豁达大度、胸怀宽阔，这也是一个富有修养之人的重要品质。中国还有句俗语叫“宰相肚里能撑船”，同样也说明了宽容对于处世为人的重要性。一个有着大海一样广阔胸怀的人往往能够受到众人的爱戴和敬重。

退一步想问题能够化险为夷

当今时代，信息瞬息万变，许多事情都难以预料。因此，再有本事，实力再强的人，都不敢说自己永不失手。因此，凡事留有余地，做人要始终懂得深谋远虑，给自己留有后路，不可盲目地切断自己的退路，不可把事做绝。

生活中有很多事情，我们根本无法预料其发展势态，因此，切不可轻易地妄下断言、不留余地，不给自己一点回旋的机会。即使自己有能力置对手于绝路，也绝不可把事情做得太绝。

掌握与运用权变与机变之理，在任何时候都注意给自己留下退路，这是为人处世的要诀。

春秋时期，齐国的孟尝君有一个食客，名叫冯瑗，很懂得深谋远虑。一天，孟尝君命他到自己的封地薛去收税款。冯瑗出发之前问孟尝君："收了税款以后要买些什么东西回来呢？"孟尝君说："看看家里缺什么，随便买一点回来就行。"

冯瑗到了薛地以后，要缴得起税款的人缴税，缴不起税款的人就当场免了他的税，借据也当场烧掉。老百姓很高兴，齐呼"孟尝君万岁"，并发誓以后一定要好好效忠孟尝君。冯瑗回来后，把事情的经过向孟尝君如实禀报，并告诉孟尝君他收回来的是老百姓的心，比税款要贵得多，希望孟尝君不要生气。孟尝君尽管很气愤，可木已成舟，也只好作罢。

一年以后，孟尝君被齐王罢免了职务，满怀失意地回到薛地。令孟尝君惊讶又感动的是，薛地的老百姓竟然夹道欢迎他回来，这使孟尝君受伤的心灵得到了抚慰。他终于明白了当初冯瑗的举动是多么地智慧。于是，他把冯瑗叫到跟前，想好好赞扬他一番。

冯瑗说："公子不要高兴得太早。现在，薛地已经成了你的根据地。但这远远不够。俗语说'狡兔三窟'才能保全性命。公子现在只有一个巢穴，应该尽快挖掘出另外两个才是上策。"

冯瑗意在劝孟尝君做事时多准备几种方案，以防不测。孟尝君深感冯瑗说得有理，就派他去办这件事。

于是，冯瑗去晋见魏惠王，在魏惠王面前把孟尝君大肆吹嘘了一番说："如此杰出的人物，哪个国家如果能聘任他，一定能够马上繁荣起来。"魏惠王相信冯瑗的话，决定任命孟尝君做大将军。齐王听到消息后，觉得不能让自己国家的人才落到别人手里，立刻派使者把孟尝君请回来，任命他做宰相。

冯瑗又劝孟尝君："现在请齐王把他祖先的宗庙建到薛地。"宗庙建好之后，冯瑗高兴地对孟尝君说："公子现在拥有齐、魏、薛三个根据地，可以高枕无忧了。"后来，孟尝君果然一生都过着安定的生活。

孟尝君听冯瑗的劝说，为自己留有余地，不把事情做绝，也就没让别人下不来台而结怨种仇。由此得出这样一个道理：凡事留有余地，做人要始终懂得深谋远虑，不可盲目地切断自己的退路，给自己留有后路，不可把事做绝。在商场更是如此，因此，精明的商人每一次出击之前都要深思熟虑，谋定而后动。

胡雪岩说："一桩生意投入运作之前，就要做好'万一出事'的思想准备，要想着为自己留下退路。"

在生意场上，一代名商胡雪岩即使完全有理由有能力置对手于死地，也绝不把事情做绝。

有次胡雪岩在苏州，到永兴盛钱庄兑换20个元宝急用。这家钱庄不仅不给他及时兑换，还凭白诬指阜康银票没有信用，使他很生气。这永兴盛钱庄本来就来路不正。原来的老板节俭起家，干了半辈子才创下这份家业，但四十出头就病死了，留下一妻一女。现在原钱庄的掌柜是实际上的老板，他在东家死后骗取那寡妇孤女的信任，人财两得，实际上已经霸占了这家钱庄。永兴盛的经营也有问题，他们贪图重利，只有十万银子的本钱，却放出二十几万的银票，早已经岌岌可危了。

胡雪岩在这家钱庄无端受气，自然想狠狠整它一下。起先他想借用京中“四大恒”排挤义源票号的办法。京中票号，最大的有四家，招牌都有一个“恒”字，称为“四大恒”。行大欺客，也欺同行。义源本来后起，但由于生意行伙计随和，信用又好，而且专跟市井细民打交道，名声一下子做得很盛，连官专利号都知道了他的信誉，因此生意蒸蒸日上。“四大恒”同行相妒，想打击义源，于是出了一手“黑”招。他们暗中收存义源开出的银票，又放出谣言说是义源面临倒闭，终于造成挤兑风潮。

胡雪岩仿照这种办法，实际上可以比当年“四大恒”排挤义源时做起来更方便也更狠。浙江与江苏有公款往来，胡雪岩可以凭自己的影响，将海运局分摊的公款、湖州联防的军需款项、浙江解缴江苏的协饷几笔款子合起来，换成永兴盛的银票，直接交江苏藩司和粮台，由官府直接找永兴盛兑现。这样一来，永兴盛不倒也得倒了，而且这一招借刀杀人，一点痕迹都不留。

不过，胡雪岩最终还是放了永兴盛一马，没有去实施他的报复计划。他放弃计划，有两个考虑：一个考虑是这一手实在太辣太狠，一招既出，永兴盛绝对没有一点生路；另一个考虑则是这样做，很可能只是徒然搞垮永兴盛，自己却劳而无功。这样一种损人不利己的事情，胡雪岩不愿意做。

从这件事情中，我们确实可以看出胡雪岩为人宽仁的一面。说起来这永兴盛既来路不正又经营不善，实际是一个强撑住门面唬人的烂摊子，即使将它一击倒地，大多数人也不会同情，可能还为钱庄同业清除了一匹害群之马。即使是这样，胡雪岩还是下不得手去，足见他所说的“将来总有见面的日子，要留下余地，为人不可太绝”，并不是口头上说说而已，而确确实实是这样去做的。这其实可以看做是胡雪岩的一条为人处世的准则。

现实生活中，人的认知过程是无限的，但人的认知能力却是有限的。正因为人的认知能力的局限性，使得人们考虑问题难以周全。另一方面，人在社会生活中的地位和环境是不断变化的，有些变化可以预见，可以把握，但更高、更深、更复杂的变化却难以预测。因此，为人处世，不要把事情做尽做绝，为自己留下退路。

关爱别人才能得到爱的关怀

如今的社会处处充满了残酷的竞争，从而使得人与人之间的关系变得越来越冷漠，越来越麻木。许多人总是为自己的利益着想，很少想到别人。其实，只要我们时时处处将心比心，多站在他人的角度看问题，多体谅他人，我们就能够收获更多的机会。有时候，我们对他人不经意间付出的小小关爱也会使自己受益良多。

下述故事中的约翰和杰克，同样面对的是一个正在忙碌的报亭卖报人，由于两人采取了不一样的态度，结果完全不同。

杰克和约翰是多年的老同事、好朋友，他俩都有看报的习惯。

一天，他俩一同去曼哈顿出差。第二天早上，当他们在旅店打算用早餐时，约翰说："我出去买份报纸，一会儿就回来。"

过了五分钟，约翰空着手回来了，嘴里还嘟嘟囔囔地发着怨气。

"怎么啦？"杰克不明就里地问。

约翰没好气地说："我走到对面的报亭，拿了一份报纸，递给那家伙10美元的票子，让他给我找钱。他不但不找钱给我，还把我手里的报纸夺走了。我正在纳闷，他却开始教训起我来，说他生意正忙，绝没有时间在这个高峰时间给人换零钱。看来，他以为我是想借买报纸之机来换零钱来了。"两个人一边吃着早餐一边议论着这一小插曲。约翰认为，这里的小商贩傲慢无理，不近人情，没有素质，并劝杰克少与这样的人打交道，但杰克心里却不这样看。

他们吃完早餐后，杰克请约翰在旅店门口等一会儿，自己则穿过马路，到对面那个报亭去买报纸去了。

杰克面带微笑十分温和地对报亭主人说："先生，对不起，你能否帮个忙？我是外地人，很想买一份《纽约时报》看看。可眼下我手上没有零钱，只有10元的票子。您那么忙，真是给您添麻烦了！"

卖报人一边忙着，一边毫不犹豫地把一份报纸递给了杰克，说："嗨，你拿去吧，方便的时候再给我零钱！"

当约翰看到杰克高兴地拿着报纸回来的时候，惊讶不已，也十分疑惑，问道："杰克，你不是没有零钱吗？那家伙怎么肯卖给你报纸啊？"

杰克真诚地答道："你我之间是无话不说的好朋友。我的体会是，如果先理解别人，那么自己就容易被别人理解；如果用理解来表达需要，那么自己的需要就容易得到满足了。"

上述故事告诉我们：不管我们想做大事还是想实现一个小小的愿望，如果我们不首先从他人的角度来考虑问题，不多为他人着想，我们就很难办成自己的事。其实，宽容和理解别人并不难，有时候只是一句亲切的寒暄，或者一个友好的微笑，或者一个关爱的眼神，都能够得到他人同样的理解与帮助。只要我们在日常的生活和工作中尽量多关心他人，体谅他人，我们的生活就会拥有更多的快乐和幸福。

推销大王乔·吉拉德的故事也许会给我们一些启示。

一天，一个普通的中年妇女走进乔·吉拉德的展销室，说她想在这儿看看车，打发一会儿时间。聊天中，她告诉乔·吉拉德，她想买一辆白色的福特车，就像她表姐开的那辆一样，但对面福特车行的推销员让她过一小时后再去，所以她就先来这儿看看。她说，这是她送给自己的生日礼物，那一天正好是她55岁的生日。

“哦，生日快乐！夫人。”乔一边说，一边把她让进办公室，自己出去打了一个电话。然后，乔继续和她交谈：“夫人，您喜欢白色车，既然您现在有时间，请允许我给您介绍一下我们的双门式轿车，它也是白色的。”

他们正谈得投机，女秘书走了进来，递给乔一束玫瑰花。乔十分郑重地把花送给那位妇女，并说道：“尊敬的夫人，有幸知道今天是您的生日，我送您一份薄礼，祝您好运！”

中年妇女很受感动，眼眶不由得湿润了。“已经很久没有人送礼物给我了。”她说，“刚才那位福特车的推销员一定是看我开了部旧车，以为我买不起新车。我刚要看车，他却说要去收一笔款，于是我就上这儿来等他。其实我只是想要一辆白色的车而已，只不过我表姐的车是福特，所以我也想要福特。现在想想，不买福特也可以。”

最后，可想而知，她放弃了对面的福特车，从乔手里买走了一辆雪佛莱，并填了一张全额支票。其实从头到尾乔都没有劝她放弃福特而选择雪佛莱。只是因为她在这里感觉受到了重视，得到了肯定，于是放弃了原来的福特而选择了乔的产品。

现在，乔是著名的世界级汽车营销大王。在他15年的推销生涯中，共卖出13001辆汽车，曾创下一年卖出1425辆（相当于平均每天4辆）的纪录，这个成绩被列入了《吉尼斯世界大全》。

他有几万名客户，每隔一段时间，这些客户就都会收到他寄来的贺卡，上面有这样的一些话：“祝您生日快乐！”“为您的荣升干杯！”“希望什么时候能聆听您的教诲。”……他的成功秘诀便是：决不营销汽车，只营销真诚的问候。

在这个汽车销售大王的经历中，我们可以看出，乔是一个十分懂得在适当和必要的时候及时给予自己客户关心和问候的，说上一些肯定的温暖的话语，让客户感觉到始终有人惦记着自己。所以说，许多时候，给他人一个肯定，就是给他人一份体贴和关心，多用赞美和关怀的话语能够让自己的生意做得更好。

乔·吉拉德说："销售成功的秘诀不在于营销什么东西，而在于营销真诚的问候。对客户的态度如何可以决定一个销售者的业务量，而多多赞美客户、肯定客户就是一大销售法宝。不必花我们太多时间，也不必花我们多少成本，只要我们舍得开启自己的嘴巴，说上些动听的话，就这么简单。"

由此可见，给予就是被给予，剥夺就会被剥夺。真正良好的人际关系实质上就是善意关系。信任他人我们就会被信任，而怀疑他人我们就会被怀疑。人都是有感情的动物，付出爱就会被爱，付出恨就会被恨。我们的任何行为都将孕育着可能同等的结果。如果你对他人友善，他人也会对你友善；如果你对他人表现得不友好，他人也不可能友好地对待你。

PART 06 第六章

放飞心情塑造自我

FANG FEI XIN QING SU ZAO ZI WO

在烦躁的社会中，难得静下心来享受内心的平静。也许这对我们来说是一种奢侈，却是我们最应该做的，而你又有多久没有享受这种荡涤心灵的幸福了呢？

给心灵留下一片空间

生活中，有人活得很累，很沉重；有人却活得很轻松，很潇洒。活得累的人，是因为有外物的牵绊，自己画地为牢，向心灵上加压；活得轻松的人是因为他们能够摆脱自我的限制，不受外物的牵绊，完全获得了心灵的自由。心灵自由了，自然就会感觉轻松、舒坦。

我们这个赖以生存的世界，对那些乐观的人来说充满了希望，他们所遇到的每一件事都相当美好、可爱；而在那些悲观人的眼里，却充满了荆棘和危险，无论任何事情，都只能引起他们的恐惧和悲哀。我们平日或许会认为这种差异是由于各人所处的环境不同所致的，但我们又看到许多人在艰难困苦的环境中，仍然自得其乐；而另一些人则虽处于颇为优越的环境中，却终日郁郁寡欢，犹如大难将临。

有一个人终日烦恼缠身，为了生活得快乐一些，他四处寻求解脱烦恼的秘诀。

一次，他看到一个牧童骑在牛背上吹着笛子，小小年纪却逍遥自在。羡慕之余，他上前问道："你看起来很快活，能不能告诉我，你是怎么解脱烦恼的？"

"骑着牛，笛子一吹，什么烦恼都没有了。"牧童说。他试了试，却无济于事。

又一次，他看到一位老人在河边钓鱼，面带满足的微笑。他走上前去，向老人求教快乐的秘诀。

“找一条清澈的小河，像我一样‘愿者上钩’，什么烦恼都没有了。”老人说。他试了试，依旧快乐不起来。

后来，他看到一位独自修行的老僧，神情舒畅，神采飞扬。他深深鞠了一个躬，向老僧求教。老僧问他：“这么说，你是来寻求解脱的？”

“是的，恳请不吝赐教。”他迫不及待地说。老僧笑了笑，接着问他：“有谁捆住你了吗？”

“那倒没有。”他说。

“既然没人捆住你，又何谈解脱呢？”老僧反问他。他蓦然醒悟，从此不再烦恼。

人之所以有烦恼，就在于太执着，追求得太刻意，是心之绳捆住了我们的快乐之魂。如果你能够做到一切随缘，如果你能够在烦恼缠身时问问自己“有谁捆住了我？”你就会蓦然醒悟，放下那些无谓的烦恼你自然能够得到解脱，拥有快乐。

在生活的旅途中，有顺境也有逆境，有欢乐也有忧伤。不过有的人容易看到其中美好的一面，另一些人则只记住了另外悲哀的一面。这样分析，我们可以理解下面故事中的国王为什么不快乐了：

在泰晤士河畔，住着一个农场主，据说他是全英国最快活的人。

他从早到晚总是那样忙碌，同时像云雀一样快活地唱歌。他非常乐观，他的乐观感染了许多人。这一带的人都喜欢谈论他，因此烦恼的国王想见他一面。

“我要去找这个奇异的农场主谈谈，也许他能告诉我怎样才能愉快？”

国王找到了农场主，农场主一见面就对他说：“我不羡慕任何人，因为我要多快乐就有多快乐。”

国王说：“我十分羡慕你，我的朋友。只要我能像你那样无忧无虑，我愿意和你换个位置。”

农场主笑了，给国王鞠了一躬说：“我肯定不和你调换位置，陛下。”

“是什么使你如此快乐呢？而我，身为国王，却每天忧心忡忡、烦闷苦恼呢？”

农场主笑着说：“我不知道你为什么忧郁，但是我能简单地告诉你我为什么快乐，我爱我的妻子和孩子，我爱我的朋友们，他们也爱我。我自食其力，不欠任何人的钱。我为什么不应当快乐呢？”

“我明白了。”国王说，“我羡慕你，你戴的这顶普通的帽子比我这顶王冠更有价值。你的农场给你带来的快乐要比我的王国给我带来的还多。如果人们都像你这样，这个世界该是多么美好！”

人与人不同的是心境，有的人较乐观，常看到美好的一面，故事中的农场主就是这样；而有的人较悲观，看到的常是悲哀的一面，就像故事中的国王一样，虽然拥有整个王国，但他并不快乐。

其实，忧和喜是事物给你带来的两种心情，只要你不钻牛角尖，想问题善于从两面或多个角度去思考，善于为心灵解压，快乐就在你身边，大可不必忧心忡忡。

舍得决定你的人生色彩

有人说：“人的一生就是一个选择的过程。”这句话道出了人生最朴素、最简单，也是最重要的哲理。因为每个人无论是对生活、爱情、婚姻、友谊，还是对职业、工作、事业等，都有着自己的想法。当一个人为了实现心中所想而采取行动的时候，无论成功还是失败，都是一种选择。

在人生旅途中，我们会遭遇许多两难的问题，选择就意味着你需要放弃其中一样，可有时我们所面对的并非西瓜和芝麻这样简单的选择，它有可能是两朵美丽的花、两棵繁茂的树，让你两样都难抛下。这时，你又该如何是好呢？其实关键就是我们要看清前路的方向。方向找对了，就是一个成功的开始，而好的开始是成功的一半。

在这个世界上，通向成功的道路何止千万条，但你要记住：所有的道路，不是别人给的，而是自己选择的结果。你有什么样的选择，也就有什么样的人生。汤姆就选择了自己的人生。

“刮别人胡子之前，先刮自己的。”这是几年前汤姆拍过的某一广告的广告词。汤姆也从此踏进了演艺圈，很多人上门找他拍戏，一时间，他的演艺前途颇被看好。不过，汤姆并没有久留，两年之后，他毅然离开了演艺界。

汤姆发现演艺事业并不适合自己，他一心想找出未来的方向。汤姆常常在天黑之后，一个人跑到海边钓鱼、发呆。有一天，他独坐海边，远远地望着对岸市区内的灯火，心里突然有一股声音出现：“我这是在干什么？难道一辈子老死在这里，无所事事？不如去开餐厅吧！”

汤姆立即在脑海中搜索，从小到大自己最喜欢的事是什么？“吃”是汤姆认为最有意义的事。他一向是家里的烹调高手，没事儿时可以一整天待在厨房里“研发”。“我为什么不好好发挥自己的这项专长呢？”

汤姆紧锣密鼓地展开他的创业大计。他一面找人筹募资金，一面到大学选读会计、营销课程。不久，他的概念式泰国餐厅开张了。汤姆负责的职务从洗碗、配菜、打杂到掌厨，几乎全套包办。一旦忙起来，每天工作十几个小时，下班回家还抱着食谱继续研究，非搞到深夜才罢休。

看他这么投入，朋友忍不住问他：“你干吗做得那么辛苦？”汤姆回答：“因为我找到了最爱。”在他来看，做菜不仅是一门艺术，也等于是在实验室里做实验，只要放入各种元素，就能产生千变万化的结果，乐趣实在太大了！他说：“我已经打算把‘吃’当成一辈子的事业了。”

假使你不喜欢一份工作，只是为了“钱”而不得不与之为伍，十年、二十年之后，有一天你可能会猛然发觉，自己的人生竟然如此贫乏，耗尽半生光阴却没有做过一件令自己快乐的事。

如果你选择自己喜欢的事去做，即使赚钱不多，却乐此不疲，而且你会发现，由于坚持所爱，不仅让你彻底发挥了才能，甚至终能闯出一番不凡的局面。比尔·盖茨在谈到他的成功经验时说：“我的成果在于我的选择。”如果说有什么秘密的话，那么还是两个字——“选择”。

比尔·盖茨在中学时代，就是一个凡事比同龄人先行一步的孩子。老师布置写一篇千字左右的作文，比尔·盖茨却一口气写了十几章。他所做的最重要的选择莫过于退学。哈佛大学是多少人梦寐以求的学府，而考上哈佛大学的比尔·盖茨却在大三时，毅然决然地选择了退学。这不是一般人能够有的决心和勇气，也只有这样的决心和勇气，才使他成为非凡的人物。刚刚20岁的比尔·盖茨对计算机十分感兴趣，他深信，总有一天计算机会像电视一样走入千家万户。他坚定的信念，不但打动了自己，还打动了伙伴，打动了父母。

试想一下，假如比尔·盖茨继续在哈佛深造，学习课本上千篇一律的东西，他还有可能革新电脑界吗？也许他会成为一名白领，但不会成为一个改变世界的人物。

选择是最重要的，选择决定人生。每一个选择下面都蕴涵着不可预知的未来。选对了，未来的生活熠熠生辉、如鱼得水、平步青云；选错了，未来的生活则很可能阴霾遍布，甚至会给自己带来刻骨铭心的伤痛。所以，我们要看清方向，认准方向。选择好了一条发展之路，我们的人生境遇也就会全然不同了。在生活中，要学会审慎地运用自己的智慧，做最正确的判断，选择属于自己的正确方向。

选择适合自己的

在生活和工作中，为了有所成就，首先要成为你自己——就是要知道你能做什么，你想做什么，你的优势是什么。因为最了解你的终究是自己，你必须确定这一点。

一位西方名人曾经说过："一个人一生只能做一件事。"他所说的一件事，实际上就是指某一项伟大的事业。一个人本事再大，精力再多，寿命再长，无论如何，也不可能把360行都尝试到，一个人一生所能做的事情实在是太有限了。

因而，一个人要实现自己人生的价值，就得珍惜这有限的时间，就得选择最适合自己的事去做。不要什么都去做，结果什么都做不到极致。这既浪费了时间也浪费了生命，徒留悲切在心中。

最适合自己去做的事，也就是自己最感兴趣的事，自身素质能够满足要求的事，客观条件许可的事，这几种因素缺一不可；再加上恒心和毅力，才能有希望做好，有把握做好。

美国著名的不动产经纪人安德鲁最初是位葡萄酒推销员，这是他的第一份工作。他不知道自己还能干什么，于是他认为自己的目标就是"卖葡萄酒"。最初他为一个卖葡萄酒的朋友干活，接着为一名葡萄酒进口商工作，最后同另外两个人合作办起了自己的进口业务，这并非出自热情，而是因为习惯，正如他自己所说："为什么不？我过去一直在卖葡萄酒。"

后来他的生意越来越糟，可安德鲁还是拼命抓住最后一根稻草，直到公司倒闭。他不改行，是因为他不知道还能干什么。

事业的失败迫使他去上了一门教人们如何开店的课。他的同学有银行家、艺术家、汽车修理工等。他逐渐认识到这些人并不认为他是个"卖葡萄酒的"，而认为他是个"有才能的人"、"事业的多面手"，他们对他的看法使他抛弃了原来的目标。

他开始猛醒，仔细分析并探索其他行业，研究一下自己到底想干什么。最后，他选择了和夫人一起开展不动产业务，使他取得了推销葡萄酒永远不能为他带来的成功。

许多职业专家认为，一个人一生中至少要经过两三次变换，才能最后找到适合自己特长的事业，而确定自己合理的目标，则需要同样长的一段时间。

一个人要充分地估测自己，给自己找准位置，充满信心，真诚地做自己能做的和应该做的事，才有可能成为自己所希望的那种人。被誉为"世界上最伟大的推销员"的乔·吉拉德的传奇人生经历就生动地印证了这一成功思想。

1929年，在美国贫民窟里出生了一位名扬世界的传奇式人物，他就是乔·吉拉德。说起他的成长经历可谓曲折。他从懂事起，便开始给人家擦皮鞋，后又做报童，然后又做过洗碗工、送货员、电炉装配工和住宅建筑承包商等。据他自己讲：35岁以前的他，时时不如意、处处碰壁，没取得任何成就，甚至还欠了一身的外债。朋友们离他而去，就连妻儿的生活费都成了问题。因为他还患有严重的口吃，以致他换过四十多份工作仍一无所成。为了生存，他开始做汽车业务，步入了他的汽车推销员生涯。

从干起推销的那一刻起，"你认为自己行，就一定能行"成为他创业的思想支撑。他相信自己一定能做得到，他以极大的热忱投入到狂热的推销工作中。不管在街上还是在商店里，他逢人即送名片，抓住一切机会推销他的产品，推销他自己。

谁能料到，35 岁之前背了一身外债，几乎走投无路、处于绝望的他，竟然能够在短短的三年内被吉尼斯世界纪录称为“世界上最伟大的推销员”！他至今还保持着销售昂贵产品的空前纪录——平均每天卖 4 辆汽车！他一直被欧美商界称为“能向任何人推销出任何商品”的传奇人物。

在分析乔·吉拉德的创业历程后，我们会发现，吉拉德成功的要素主要有两点：首先，他有坚持不懈的精神，这是他成功的首要条件；其次，也是非常重要的一点，他把自己定位在做一名销售员上。他认为自己更适合、更胜任做这项工作，热爱这项工作，这是他成功的动力。

社会上的大多数人，总是羡慕那些事业有成之士，盲目地效仿别人去做某件事，从未了解自己是否擅长。他们不能认清自己的专长，了解自己的能力，结果自然是徒劳。每个人都有许多能力，但总是有一种能力是最擅长的。只有找准最擅长做的事，才能最大限度地发挥自己的潜力，调动自己身上一切可以调动的积极因素，并把自己的优势发挥得淋漓尽致，从而获得成功。反之，那些不知道自己擅长做什么事的人，总是在别别扭扭地做着自己不喜欢、不擅长的事，以至于工作中没有足够的热情，不能脱颖而出，更谈不上成就大事了。

罗格·阿斯盖姆说：“一个不知道在什么时间做什么事的人是无知的。”这使得有些人一心希望发财致富，但是他可能只适合享受贫穷；有些人一心想当法官，但是他的天性决定他更适合做运输工作；有些人一心想成为主人去统治他人，但是他连自己都管理不好；有些人一心想教授他人，而他却是最应该学习的人；有些人一心想成为牧师，但是他的天性更适合做办事员。

正如一位学者所说，就像世上没有完全相同的两片树叶一样，世上也没有完全相同的两个人。每个人都具有独特的、与众不同的特点，也总存在着一份更适于他做的工作。

选择适合自己的才是最重要的。

给心灵一片宁静的天空

生活在现代都市中的人们，很多人感觉到了巨大的压力，生活中的、学习中的、事业中的，或是感情中的，这些压得人喘不过气来，这些阻碍了你前进的步伐。这时不妨放下包袱，让我们的心灵得以宁静。一位长者问他的学生：“你心目中的人生美事为何？”学生列出--张“清单”：健康、才能、美丽、爱情、名誉、财富……谁料老师不以为然地说：“你忽略了最重要的一项——心灵的宁静。没有它，上述种种都会给你带来可怕的痛苦！”繁忙紧张的生活容易使人心境失衡，如果患得患失，不能以宁静的心灵面对无穷无尽的诱惑，就会感到心力交瘁或迷惘躁动。

唯有宁静的心灵，才能使人不眼热权势显赫，不嫉妒金银成堆，不企求声名鹊起，不羡慕美宅华第。因为所有的眼热、嫉妒、企求和羡慕都是一厢情愿，只能加重生命的负荷。

很久以前，有一个人感到生活的负担越来越沉重，眼看无力支撑，只得去请教智者。智者将他带到一条五彩石铺就的小径上，然后交给他一只背篓，要他顺着小径走下去，把他认为喜欢的石头都放进背篓里。

这人依言而行。红色的，他感觉热烈奔放，绚烂夺目；白色的，他认为晶莹剔透，纯洁无瑕；黑色的，他认为庄重严肃，铿光闪亮……于是他把这些自己喜欢的石头一一捡进去，渐渐地，背篓里的石头越捡越多，双肩也越来越沉，后来，他终于支持不住，一跤跌坐在地上。

智者见状，又吩咐：“从现在起，你把最喜欢的石头留下，其余的统统扔掉，再往前走试试。”这一下，他顿感轻松无比，很快就走到了尽头。

有时候就是这样，你让自己承载了太多的东西，似乎哪一样你都放不下，哪一样也不舍得放下。结果在沉重的负累面前，我们的步伐就近乎蹒跚了。难道非要等到承受不住的时候才去寻找解脱的方法吗？有位诗人说过：“放弃是一种解脱。”只有放弃困扰，我们的思想才能解放；只有放弃思想包袱，我们才能面对种种困难。种子放弃了花朵才能再次生长，小鸟放弃了鸟巢才能飞翔。世间道理，莫不如此。

老街上有一铁匠铺，铺里住着一位老铁匠。由于已经没人再需要打制铁器了，现在他改卖铁锅、斧头和拴小狗的链子。

他的经营方式非常古老和传统。人坐在门内，货物摆在门外，不吆喝，不还价，晚上也不收摊。无论你什么时候从这儿经过，都会看到他在竹椅上躺着，手里是一个半导体，身旁是一把紫砂壶。他的生意也没有好坏之说，每天的收入正够他喝茶和吃饭。他老了，已不再需要多余的东西，因此他非常满足。

一天，一个文物商人从老街上经过，偶然看到老铁匠身旁的那把紫砂壶，因为那把壶古朴雅致，紫黑如墨，有清代制壶名家戴振公的风格。于是他走了过去，顺手端起那把壶。壶嘴内有一记印章，果然是戴振公的！商人惊喜不已。因为戴振公在世界上有“捏泥成金”的美名，据说他的作品现在仅存三件：一件在美国纽约州立博物馆里，一件在台北故宫博物院，还有一件在泰国某位华侨手里。

商人端着那把壶，想以10万元的价格买下它。当他说出这个数字时，老铁匠先是一惊，然后马上拒绝了，因为这把壶是他爷爷留下来的，他们祖孙三代打铁时都喝这把壶里的水。

壶虽没卖，但商人走后，老铁匠有生以来第一次失眠了。这把壶他用了近60年，并且一直以为是把普普通通的壶，现在竟有人要以10万元的价钱买下它，他转不过神来。

过去他躺在椅子上喝水，都是闭着眼睛把壶放在小桌上，现在他总要坐起来再看一眼，这让他非常不舒服。特别让他不能容忍的是，当人们知道他有一把价值连城的茶壶后，总是拥破宅门，有的问还有没有其他的宝贝；有的甚至开始向他借钱；更有甚者，晚上推他的门。他的生活被彻底打乱了，他不知该怎样处置这把壶。

当那位商人带着20万元现金第二次登门的时候，老铁匠再也坐不住了。他招来左右店铺的人和前后邻居，拿起一把斧头，当众把那把紫砂壶砸了个粉碎。

现在，老铁匠还在卖铁锅、斧头和拴小狗的链子，据说他已经一百多岁了。

所有过去了的，无论留下多少故事，都只属于昨天。如果有人一再提起，如果有人愿意评说，那就任他评说吧，而你，只需轻松地去步你的前程。有一天，当你走出很远很远，或许已经到了一个山巅，回头望时，会看到那些议论者还站在你出发的地方，述说你的从前。他们可以说得唾沫飞溅，他们可以说得眉飞色舞，而他们所说的一切，在你看来已经很遥远。不争的事实是，他们已经远远地落在了你的后面。

用积极心态给心灵注入活力

积极的心态是一种乐观、进取的心态。它是一种正面的心态，由希望、乐观、勇气、进取、慷慨等正面特征组成；而消极心态是一种负面的心态，它由悲观、颓废、抱怨、等待等负面特征组成。

拥有消极心态者，对事物永远都会找到消极的解释，并且总能找到抱怨的借口，最终得到消极的结果。接下来，消极的结果又会逆向强化消极的情绪，从而使你成为更加消极的人。

美国前总统安德鲁·杰克逊是美国历史上最出色的政客之一。但是在他妻子死后，杰克逊却对自己的健康状况非常担忧。由于家中已经有好几个人死于瘫痪性中风，杰克逊认定自己也会死于同样的病症。很长一段时间里，他都生活在巨大的心理压力当中，甚至疑神疑鬼。

一次，杰克逊去一位朋友家做客。闲得无聊，他便与一位年轻的小姐下棋。下着下着，杰克逊的手突然垂了下去，整个人看上去非常虚弱。

“你怎么了？”朋友关切地问。

“它来了，”杰克逊有气无力地说，“我得了中风，我的整个右侧瘫痪了。”

“你怎么知道？”朋友问。

“因为，”杰克逊答道，“刚才我在右腿上捏了几次，但是一点感觉也没有。”

“可是，先生，”正在和杰克逊下棋的那位小姐说道，“你刚刚捏的是我的腿啊！”

乐观的心态是健康的必要前提，积极的心理暗示则是摆脱压力的关键。如果不能驾驭压力、化解压力，我们将陷入恐慌之中不能自拔，被压力牵着鼻子走，引发更大的压力，最终与快乐无缘，与幸福失之交臂。

拥有积极心态的人，会注意到阳光、友情、温暖，寻找到欢乐，不缺乏自我安慰的办法，并有回避危险的能力。在这个自然的层面上，拥有积极心态的人，会把日子过得舒畅，就是遇到挫折，也能自我调整，能较自然地处在一种对事物的全面理解中。这种健康的心态，使人保持了一种起码的生活基调，并能获得此生的和谐。

而心态消极的人，生活中便会遇到各种问题，总是事多，往往也总处在不顺畅中，内心黯淡，日日阴郁，这种人，往往也是过分自利的人。人在过分自利的状态下，本身就是一种艰难，负担会很重。心态消极的人，自然常常存有不好的念头，生出不利于自己和他人的想法，容易走入褊狭，自身也会产生郁闷，步入迷雾，常与谬误为伴而不知。这样的人，即使不做什么事，就已经活得很累、很不开心了。

积极心态与消极心态不是随时随地都能区分开的。但它却明明白白作用于一个人对事物和生活的整体看法，指导着人的每一个行为，紧密联系着人的喜怒哀乐，人的情感往往就从这里出发。人生的幸福与不幸福，命运的好与坏，甚至你到底能做多大的事，你的成功与失败，往往都取决于你自己的心态。

法拉第说：“拼命去争取成功，但不要期望一定会成功。”这告诉我们：看问题要看到事物的两个方面，好的和坏的。因为事物总是双面的，我们要辩证地看待每个事物。要看到事物正面的作用，它总是要大于或强于负面作用。

优秀的人总是能很好地处理积极心态和消极心态的矛盾，他们的心是敞亮的，总是能够迎接阳光，把心中的阴影驱赶到荒芜的角落；总是能及时地摆脱困扰，并愉快地创造着新的佳境。

有个商人因为经营不善而欠下一大笔债务，由于无力偿还，在债权人频频催讨下，精神几乎快崩溃了，他因此萌生了结束生命的念头。

苦闷至极的他，有一天独自来到亲戚的农庄拜访，打算在仅有的时间里最后享受几天恬静生活。当时，正值八月瓜熟时节，田里飘出的阵阵瓜香吸引了他。看守瓜田的老人看见他，便热情地摘了几个瓜果请他品尝。但是，他的心情仍然很低落，一点儿享用的心情也没有，但是又无法拒绝老人家的好意，便礼貌地吃了半个，并随口赞美了几句。

然而，老人家听到赞扬后非常喜悦，他开始滔滔不绝地诉说着自己种植瓜果所付出的心血与艰辛。

老人家仔细地诉说种瓜的过程："四月播种，五月锄草，六月除虫，七月守护……"

原来，他大半生都与瓜秧相伴，流了不少汗水，也流过许多泪水。曾经就在瓜苗出土时，便遭遇旱灾，但是为了让瓜苗得以成长，老人家即使每天挑水也不觉得辛苦。

又有一年，就在收获前，一场冰雹来袭，打碎了他的丰收梦；有一年金黄花朵开得相当茂盛，然而，一场洪水却让这一切都泡汤了……

老人坚强地说："人和老天爷打交道，少不了要吃些苦头，但是，只要你不气馁，咬紧牙，挺一挺也就过去了。因为，最后瓜果收获时，仍然全部都是我们自己的。"

老人指着缠绕树身的藤蔓，对着心事重重的商人说："你看，这藤蔓虽然活得轻松，但是它却一辈子都无法抬头！只要风一吹，它就弯了，因为它不愿靠自己的力量活下去。”

这番话让商人忽然醒悟了过来，他吃完手中剩下的半个瓜果，在瓜棚下的椅子上放了100元钱以示感激，翌日便踏着坚毅的步履离开了农庄。

五年后，他在城市里重新崛起，并且使他的公司成为一个现代化企业的龙头。

人生在世，谁都会遇到挫折，适度的挫折具有一定的积极意义，它可以帮助人们驱走惰性，促使人奋进。英国哲学家培根说过：“超越自然的奇迹多是在对逆境的征服中出现的。”所以，我们应该学会面对挫折。

把“置身绝境”看成是“以身体验”的珍贵机会，明白这点，则在面临艰难困苦时，能勇气百倍地承受，迎接挑战。唯有如此，才能涌出新的智慧，转祸为福。

逆境给人宝贵的磨炼机会。只有经得起环境考验的人，才算是真正的强者。其实，顺境和逆境都是命运的安排，只有坦然去面对，才是最好的方式。

人生没有常胜将军

人生没有常胜将军。任何人，都要做好输的心理准备，都要有赢得起也输得起的心态。只是赢得起还不能算是汉子，只有输得起——输得洒脱、输得坦然，才是真正的汉子；只有能够抱定“以前种种，譬如昨日死；以后种种，譬如今日生”的宗旨，且能参透各种玄机，输了还能站得住，才能成为真正成功的人。

“许多人梦想成功，对我来说，成功只有在多次失败后和对失败进行反省才能取得。事实上，成功只代表着你的工作的1%，而99%意味着失败。”这是日本汽车工业巨头本田宗一郎1974年在密执安获得博士学位时的一段演讲词。他还曾把这段话归纳为一个简洁而富有哲理的忠告送给那些渴望成功的企业家，他说：“企业家必须善于瞄准不可能的目标和拥有失败的自由。”

事实上，一个人真正失败的原因是他做任何一件事，只要一遇挫折就半途而废。做任何事如果半途而废，那前面的辛苦就白费了。唯有经得起风吹雨打及种种考验的人，才是最后的胜利者。因此，如果不到最后关头，就绝不言放弃。在坚持不懈的努力中，人生境界就能得到升华。

在第二次世界大战后功成身退的英国首相丘吉尔下野之后，有一回应邀在剑桥大学毕业典礼上致辞。那天他坐在首席上，打扮一如平常，头戴一顶高帽，手持一根雪茄，一副怡然自得的样子。听了隆重但稍嫌冗长的介绍词之后，丘吉尔走上讲台，两手抓住讲台，注视观众后大约沉默了两分钟，然后他就用他那种独特的风格开口说：“永远，永远，永远不要放弃！”接着又是长长的沉默，然后他又一次强调：“永远，永远，不要放弃！”最后在他再度注视观众片刻后蓦然回座。

在竞争日益激烈的现代社会里，人们当然不会忘记胜利，但是，我们也不该忘记失败，不该蔑视失败。对一个为事业奋斗倾其能、尽其力的参与者来说，他们的失败推动了整个事业的前进，所以虽败犹荣、犹烈。他们的精神亦恒传千古，流芳百世。

汽车大王亨利·福特说：“失败能提供你以更聪明的方式获取再次出发的机会。”其实，伟大的科学家牛顿、爱迪生，尚且也有失败的时候，何况平凡的你我。从某种意义来说，人没有失败，就没有成功，甚至于个人要是没有大失败，就没有大成功。你去问问成功的人，他们可以肯定地告诉你，他们所经历的失败比你想象的还要多得多。其实，他们之所以现在成功，就是因为以前积累了太多太多的失败。只是他们不怕失败，耐心而又细致地研究失败的原因，然后，一步一步地把它们解决，最后才取得了胜利。

成功学大师拿破仑·希尔指出：永不言败和善于对失败进行总结是成功者的基本特征。在成功者的天地里，不存在任何免费午餐，唯有高度集中精力和坚持不懈的品格才能克服通往成功道路上的种种困难。

做个平凡的人，你不必超凡脱俗或者事事成功，但应当有不怕失败的勇气。不要把暂时的失败归咎于自己的个性，要有输得起才能赢得起的心性。舍去一时的成功，面对一时的失败，才能走向最后的成功。